Ix-Tafeln feuchter Luft

und ihr Gebrauch bei der Erwärmung, Abkühlung, Befeuchtung
Entfeuchtung von Luft, bei Wasserrückkühlung
und beim Trocknen

Von

Dr. Ing. Max Grubenmann
Zürich

Zweite, ergänzte Auflage

Mit 45 Textabbildungen und 3 Diagrammen
auf 2 Tafeln

Springer-Verlag Berlin Heidelberg GmbH

ISBN 978-3-662-01800-2   ISBN 978-3-662-02095-1 (eBook)
DOI 10.1007/978-3-662-02095-1

Alle Rechte, insbesondere das der Übersetzung
in fremde Sprachen, vorbehalten.

Vorwort zur ersten Auflage.

Die beiliegenden Zustandstafeln feuchter Luft unter atmosphärischem Drucke sind entstanden auf Grund des Vorschlages von Prof. Dr. R. Mollier, veröffentlicht in der Zeitschrift des Vereins deutscher Ingenieure, Jg. 1923, S. 869; die dortige Tafel ist vom Unterzeichneten ergänzt worden durch Beifügung der Sättigungskurven und Dampfdruckkurven für einige Barometerstände. Die in der Mollierschen Tafel enthaltenen Kurven konstanter relativer Feuchtigkeit mußten wegbleiben; die relative Feuchtigkeit läßt sich jedoch vermittels der Dampfdruckkurven rasch ermitteln.

Die Darstellung erweist sich in der Praxis als außerordentlich geeignet und übersichtlich, besonders auch der von Mollier vorgeschlagene Randmaßstab für I/x.

Im ersten Teile des nachfolgenden Textes wird der Aufbau der Tafel und die dazu notwendigen Gesetze besprochen, anschließend daran der Gebrauch der Tafel in den verschiedenen Anwendungsgebieten.

Zürich, im Juli 1925.

Vorwort zur zweiten Auflage.

Die seit dem Erscheinen der ersten Auflage erzielten Forschungsergebnisse der technischen Wissenschaften veranlaßten mich, entsprechend den Anregungen des Verlages und des Herrn Prof. Dr.-Ing. habil. E. Kirschbaum, Technische Hochschule Karlsruhe, diese Neuauflage den heutigen Kenntnissen anzupassen und entsprechend zu erweitern. So habe ich nun auch in den beiden Tafeln I und II eine mit der Temperatur veränderliche, spezifische Wärme für trockene Luft, bei unveränderlichem Drucke, angewandt — in Abschnitt 12. „Trocknen" Einiges von den letzten, mir bekannten, Veröffentlichungen des Herrn Prof. Kirschbaum, auszugsweise, zugefügt — in der Tafel III den x-Bereich etwa verdoppelt.

Herrn Prof. Kirschbaum spreche ich hier meinen besten Dank aus.

März 1942.

M. Grubenmann.

Inhaltsverzeichnis.

	Seite
1. Gase und ihre Mischungen	1
2. Atmosphärische Luft, Ix-Tafel	2
Relative Feuchte S. 3. — Wärmeinhalt I S. 3. — Relative Feuchte S. 5. — Sättigungsgrenze S. 5. — Behaglichkeitsgrenze S. 7. — Spezifisches Volumen feuchter Luft S. 7. — Spezifisches Gewicht feuchter Luft S. 8.	
3. Zustandsänderungen feuchter Luft, I/x-Maßstab der Ix-Tafel	8
Zustandsänderungen bei $x =$ konst. S. 8. — Taupunkt S. 8. — Kondensationshygrometer S. 8. — Zustandsänderungen bei $I =$ konst. S. 9. — Randmaßstab für I/x S. 10.	
4. Mischen von Luftmengen verschiedenen Zustandes bei $h =$ konst.	10
5. Beimischen von Wasserdampf und Wasser zu Luft	12
Änderung des Volumens von $1 + x$ kg S. 13. — Änderung des spezifischen Volumens S. 14. — Verdunstung S. 14. — Psychrometer S. 15. — Kühlgrenze atmosphärischer Luft S. 16. — Ort konstanter Kühlgrenze S. 18.	
6. Luftdurchströmter Kanal, enthaltend eine Wassermenge	18
7. Luft- und wasserdurchströmter Kanal	21
8. Kontinuierliche Wasserrückkühlung durch Luft	25
9. Erwärmung und Abkühlung von Luft	30
10. Befeuchtung von Luft	31
11. Nebel, Entfeuchtung, Entnebelung	32
12. Trocknen, Lewis-Gesetz	35
13. Kontinuierliche Trockner	37
14. Kammertrockner	41
15. Ix-Tafel für hochtemperierte Luft	43
16. Trocknen mit Feuergasen	44

Häufig gebrauchte Bezeichnungen.

A Gewichtsmenge feuchter Luft, kg.
L ,, trockener (wasserdampffreier) Luft, kg.
W ,, Wasser oder Wasserdampf, kg.
x die in feuchter Luft auf 1 kg trockene Luft entfallende Wassermenge, kg.
x_S dasselbe bei Sättigung.
h Barometerstand, mm Q.-S. von 0° C.
h_W Teildruck des Wasserdampfes in feuchter Luft, mm Q.-S. von 0° C.
h_{WS} dasselbe bei Sättigung.
h_L Teildruck der trockenen Luft, mm Q.-S. von 0° C.
t Temperatur, ° C.
$T = t + 273$ absolute Temperatur.
c_{Lp} spezifische Wärme von trockener Luft ($x = 0$) bei konstantem Druck, kcal/kg ° C.
c_{Wp} spezifische Wärme von Wasserdampf bei konstantem Druck, kcal/kg ° C.
$\varphi = h_W/h_{WS}$ bei $t =$ konst., relative Feuchte der Luft.
i_L Wärmeinhalt von 1 kg trockener Luft, kcal/kg.
i_W ,, ,, 1 kg Wasser oder Wasserdampf, kcal/kg.
$I = i_L + x i_W$ Wärmeinhalt einer feuchten Luftmenge, bestehend aus 1 kg trockener Luft und x kg Wasserdampf.
V Volumen, Rauminhalt, m³.
v spezifisches Volumen, Rauminhalt von 1 kg, m³/kg.
γ spezifisches Gewicht, Gewicht von 1 m³, kg/m³.
Q, q Wärmemengen, kcal.
r Verdampfungswärme von 1 kg Wasser, kcal/kg.
α Wärmeübergangszahl kcal/m² h ° C.
σ Verdunstungszahl kg/m² h.

Die Bedeutung weiterer, diesen Bezeichnungen beigefügten Zeiger ist jeweils im Text gegeben.

1. Gase und ihre Mischungen.

Die Gase befolgen innerhalb der für vorliegenden Zweck geltenden Druck- und Temperaturgrenzen genügend genau die Zustandsgleichung nach Boyle-Mariotte-Gay-Lussac

$$Pv = RT \quad \text{für 1 kg Gas} \tag{1}$$

$$PGv = PV = GRT \quad \text{für } G \text{ kg Gas,} \tag{2}$$

wobei bezeichnen:

P den absoluten Druck in kg/m²,
v das Volumen (Rauminhalt) von 1 kg Gas in m³/kg,
V das Volumen von G kg in m³,
$T = t + 273$ die absolute Temperatur,
R die Gaskonstante.

Diese Zustandsgleichung kann auch auf die einzelnen Anteile einer Gasmischung angewendet werden; es seien $g_1, g_2, g_3, g_4 \ldots$ die im gemeinsamen Raume v_M enthaltenen Gewichtsanteile der einzelnen Gasarten in der Gemischmenge 1 kg; dann ist

$$g_1 + g_2 + g_3 + \cdots = 1.$$

Die Zustandsgleichungen der einzelnen Anteile g lauten:

$$P_1 v_M = g_1 R_1 T, \tag{3}$$
$$P_2 v_M = g_2 R_2 T.$$
$$\cdots\cdots\cdots\cdots$$

Dabei bedeuten $P_1, P_2 \ldots$ die Teildrücke der einzelnen Gase, die nach Dalton so groß sind, als wenn jedes Gas allein im Raume v_M enthalten wäre; die Summe der Teildrücke ergibt den Gesamtdruck P_M

$$P_1 + P_2 + P_3 + \cdots = P_M.$$

Sehr instruktiv ist auch die von Wegener[1]) gegebene Formulierung des Daltonschen Gesetzes: Der Teildruck der Gase ist von der Anwesenheit anderer Gase unabhängig.

Addieren wir die obigen Zustandsgleichungen (3), so erhalten wir

$$(P_1 + P_2 + P_3 + \cdots) v_M = P_M v_M = (g_1 R_1 + g_2 R_2 + g_3 R_3 + \cdots) T = R_M T,$$

also

$$P_M \cdot v_M = R_M T; \tag{4}$$

die Zustandsgleichung ist also auch auf die Mischung anwendbar mit der Gaskonstanten

$$R_M = g_1 R_1 + g_2 R_2 + g_3 R_3 + \cdots \tag{5}$$

Die Gaskonstanten $R_1, R_2, R_3 \ldots$ sind umgekehrt proportional dem Molekulargewicht der Gase $\mu_1, \mu_2, \mu_3 \ldots$; setzt man μ für Sauerstoff $= 32$, so ergibt die Rechnung für alle Gase:

$$R = 848/\mu.$$

Die Gaskonstante einer Mischung R_M ist umgekehrt proportional dem durchschnittlichen Molekulargewicht der Gasmischung μ_M

$$R_M = 848/\mu_M,$$

---

[1]) Thermodynamik der Atmosphäre. Leipzig: J. A. Barth 1911.

wobei
$$\mu_M = \frac{n_1\mu_1 + n_2\mu_2 + n_3\mu_3 + \cdots}{n_1 + n_2 + n_3 + \cdots};\quad (6)$$

wenn n_1, n_2, n_3 ... die Anzahl der Mole (zu μ_1, μ_2, μ_3 .../kg Gas) der einzelnen Gasarten im Gemisch 1 kg bedeuten:

$$n_1 = \frac{g_1}{\mu_1},\qquad n_2 = \frac{g_2}{\mu_2},\qquad n_3 = \frac{g_3}{\mu_3}\ldots$$

Das spezifische Volumen (Rauminhalt von 1 kg Gas) v_M in m³/kg und damit das spezifische Gewicht $\gamma_M = 1/\mu_M$ lassen sich berechnen sowohl aus den Zustandsgleichungen der Anteile (3), als auch aus der Zustandsgleichung der Mischung (4).

Der hier mitwirkende Wasserdampf kann bei den hier vorhandenen Druckverhältnissen als vollkommenes Gas betrachtet werden, was Herr Prof. Dr.-Ing. Ernst Schmidt in seinem im Springer-Verlag, Berlin 1936, erschienenen Buche „Einführung in die technische Thermodynamik", S. 134/5 ausführlich begründete.

Folgende Zahlen, entnommen der „Hütte", 27. Aufl., Bd. I, S. 546 bzw. 565, geben Molekulargewicht μ und Gaskonstante R für Luft und Wasserdampf:

	Molekulargewicht μ		Gaskonstante R
	angenähert	genau $O_2 = 32$	
Luft (CO_2-frei)	(29)	(28,96)	29,27
Wasserdampf	18	18,02	47,06

Mit spezifischer Wärme bei konstantem Druck (c_p) bezeichnet man diejenige Wärmemenge, die man einem Kilogramm Gas zuzuführen hat, um dessen Temperatur um 1° zu erhöhen, wenn dabei der Druck gleich bleibt; c_p wird in kcal/kg gemessen. Die spezifische Wärme nimmt bei den oben aufgeführten Gasen mit der Temperatur zu.

Unter dem Wärmeinhalt i verstehen wir diejenige Wärmemenge, die erforderlich ist, um die Temperatur von 1 kg Gas bei konstantem Druck von 0° C auf t° C zu erhöhen; i wird ebenfalls in kcal/kg gemessen.

Mit für unsere Zwecke genügender Genauigkeit können wir i für Gase als vom Drucke unabhängig und als Funktion nur der Temperatur betrachten.

Der Wärmeinhalt eines Gasgemisches $g_1 + g_2 + g_3 + \cdots = 1$ kg ist

$$i = g_1 i_1 + g_2 i_2 + g_3 i_3 \cdots \text{ kcal/kg},\quad (7)$$

wenn i_1, i_2, i_3 ... die Wärmeinhalte der einzelnen Gase, die in der Mischung enthalten sind, bedeuten.

2. Atmosphärische Luft, Ix-Tafel.

Atmosphärische Luft ist ein Gemisch aus Luft und Wasserdampf. Die Aufnahmefähigkeit der Luft für Wasserdampf ist begrenzt und abhängig von der Temperatur und dem Luftdruck. Der letzterem entsprechende Druck setzt sich zusammen aus dem Teildruck der Luft und dem Teildruck des Wasserdampfes; bezeichnet h den Barometerstand, h_L und h_W die Teildrucke von Luft und Wasserdampf, so ist
$$h = h_L + h_W.$$

Stimmt h_W bei einer Atmosphärentemperatur $t°$ mit dem Druck gesättigten Wasserdampfes von der Temperatur $t°$ überein (zusammengehörige Werte in den Dampftabellen z. B. in „Hütte", 25. Aufl., 1. Bd., S. 486—494), so ist die Atmosphäre mit Wasserdampf gesättigt; diese Sättigung der Luft ist noch nicht sichtbar; Sichtbarkeit tritt erst mit Nebelbildung ein; Nebel besteht aus kleinen, schwebenden Wassertröpfchen, die nur die Luft mit die Sättigung überschreitendem Wassergehalt, also in übersättigter Luft, bestehen können; dieser Zustand ist der Anfang der Verdichtung des Wasserdampfes zu Wasser.

In nicht gesättigter Luft ist der Wasserdampf überhitzt, da seine Temperatur höher ist als die dem Wasserdampf-Teildruck entsprechende Sattdampftemperatur; die Überhitzung ist bei unveränderlicher Temperatur der feuchten Luft um so größer, je geringer der Wasserdampfgehalt der Luft ist.

Bezeichnet man mit φ das Verhältnis des in feuchter Luft vorhandenen Wasserdampfdruckes (h_W) zu dem bei Sättigung und gleicher Temperatur vorhandenen (h_{WS}) als relative Feuchte, so ist

$$\varphi = \frac{h_W}{h_{WS}}, \quad \text{wobei } t = \text{konst.} \tag{8}$$

Da bei Veränderungen, die Dampfluftgemische erleiden, die Menge der Luft meist erhalten bleibt, während die Dampfmenge sich vielfach ändert, so wählt man zur Betrachtung der Veränderungen am besten eine Gemischmenge, bestehend aus 1 kg Luft und einer veränderlichen Dampfmenge x. Besteht also eine Gemischmenge A kg aus L kg Luft und W kg Wasserdampf, so daß

$$A = L + W \text{ kg}, \tag{9}$$

so ist die auf 1 kg Luft entfallende Wasserdampfmenge x

$$x = \frac{W}{L}. \tag{10}$$

Den Wärmeinhalt einer Gemischmenge $1 + x$ kg bezeichnen wir, da die Menge ≥ 1 ist, mit I und können dann schreiben

$$I = i_L + x i_W \quad \text{kcal.} \tag{11}$$

In dem hier in Betracht kommenden Druck- und Temperaturbereich (0,5 bis 800 mm Q.-S. bzw. 0—130°) kann die spezifische Wärme c_W von Wasserdampf als konstant angenommen werden; wir setzen daher

$$c_W = 0,46 \quad \text{und} \quad i_W = 597 + 0,46 \cdot t \quad \text{kcal/kg,}$$

wobei 597 die Verdampfungswärme für 1 kg Wasser von 0° C in Dampf von 0° C bedeutet, also die zur Verwandlung von 1 kg Wasser von 0° C in Dampf von 0° C nötige Wärmemenge.

Für Luft setzen wir, da c_{Lp} hier mit steigender Temperatur zunimmt:

$$i_L = c_{Lp} \cdot t \quad \text{kcal/kg.}$$

Folgende Zahlentafel, entnommen dem Buche von Prof. ten Bosch, E.T.H. Zürich, „Die Wärmeübertragung". Verlag Springer, Berlin, III. Aufl. (1936), S. 257, zeigt für c_{Lp} folgende Werte:

°C	0	10	20	30	40	50
kcal/kg	0,2410	0,2413	0,2416	0,2419	0,2422	0,2426

°C	60	70	80	90	100	120
kcal/kg	0,2429	0,2432	0,2435	0,2438	0,2441	0,2447

Damit wird

$$I = c_{Lp} \cdot t + x \, (597 + 0,46 \cdot t). \tag{12}$$

Diese Gleichung ermöglicht nun eine sehr praktische, von Mollier[1]) gegebene, bildliche Darstellung von I in einem schiefwinkligen Koordiantensystem, dessen Aufbau Abb. 1 zeigt.

Die Orte konstanter Temperatur t und konstanten Wärmeinhaltes I sind Gerade und lassen sich daher durch zwei ihrer Punkte leicht eintragen.

Es wurde bereits erwähnt, daß die Aufnahmefähigkeit der Luft für Wasserdampf abhängig ist von Temperatur und Barometerstand; wir wollen jetzt diesem Zusammenhang nähertreten. Hierzu stellen wir für eine Gemischmenge $1+x$, bestehend aus 1 kg Luft und x kg Wasserdampf, von der Temperatur $T = 273 + t$, unter dem Atmosphärendruck h in mm Q.-S. stehend, die Zustandsgleichungen für die Gemischanteile und das Gemisch auf; der Teildruck der Luft sei h_L, der des Wasserdampfes h_W, beide in mm Q.-S. von $0°C$; es ist dann:

$$h = h_L + h_W.$$

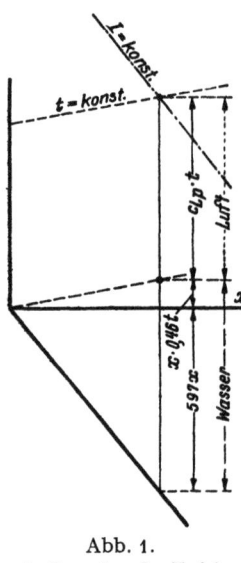

Abb. 1.
Aufbau der Ix-Tafel.

Das Volumen der Gemischmenge $1+x$ kg sei mit V_{1+x} bezeichnet; dieses Volumen nehmen auch die Gemischanteile ein, wenn sie unter ihren Teildrücken stehen. Für die trockene Luftmenge 1 kg gilt dann die Zustandsgleichung

$$h_L V_{1+x} = B_L T,$$

wenn B_L die Gaskonstante bei Messung des Druckes in mm Q.-S. von $0°C$ bedeutet. Um die in der obenstehenden Zahlentafel aufgeführte Gaskonstante für Luft $R_L = 29{,}27$ anwenden zu können, muß der Druck in kg/m² eingesetzt werden

$$P_L V_{1+x} = R_L T;$$

da allgemein $h = P \cdot 0{,}07355$ ist, ergibt sich

$$\frac{h_L}{0{,}07355} V_{1+x} = 29{,}27\, T,$$

oder $\qquad h_L V_{1+x} = 2{,}153\, T \qquad (13)$

als Zustandsgleichung, wenn der Druck in mm Q.-S. von $0°$ gemessen wird, d. h. $B_L = 2{,}153$.

Für die x kg Wasserdampf lautet die Zustandsgleichung mit $R_W = 47{,}06$

$$\frac{h_W}{0{,}07355} V_{1+x} = 47{,}06\, x T,$$

oder $\qquad h_W V_{1+x} = 3{,}461\, x T. \qquad (14)$

wenn h_W in mm Q.-S. von $0°C$ gemessen wird; d. h. $B_W = 3{,}461$.

Für die Gemischmenge $1 + x$ kg ergibt sich unter Anwendung von Gl. (5)

$$h V_{1+x} = \left(\frac{1}{1+x} 2{,}153 + \frac{x}{1+x} 3{,}461\right)(1+x) T$$

oder $\qquad h V_{1+x} = (2{,}153 + x\, 3{,}461)\, T. \qquad (15)$

---

[1]) Z. V. d. I. 1923, S. 869.

Ermitteln wir aus den Gl. (13) und (14) den Wert $\frac{V_{1+x}}{T}$ und berücksichtigen, daß $h_L = h - h_W$, so erhalten wir:

$$\frac{V_{1+x}}{T} = \frac{2{,}153}{h - h_W} = \frac{3{,}461\,x}{h_W},$$

woraus folgt

$$\frac{2{,}153}{3{,}461\,x} = \frac{0{,}622}{x} = \frac{h - h_W}{h_W}$$

oder

$$h_W = \frac{x\,h}{x + 0{,}622} \tag{16}$$

und

$$x = 0{,}622 \frac{h_W}{h - h_W}. \tag{17}$$

Für ein gesättigtes Gemisch sei der auf 1 kg trockene Luft entfallende Wasserdampfanteil mit x_s bezeichnet, der Teildruck des Wasserdampfes mit h_{WS}; Gl. (17) lautet dann für diesen Fall

$$x_S = 0{,}622 \frac{h_{WS}}{h - h_{WS}}; \tag{18}$$

dabei ist h_{WS} in Abhängigkeit von der Lufttemperatur durch die Dampftabellen gegeben. Die durch die Luft bei Sättigung aufnehmbare Wasserdampfmenge ist demnach durch Lufttemperatur und Barometerstand festgelegt.

Die relative Feuchte wird auch definiert als Gewichtsverhältnis des in 1 m³ feuchter Luft enthaltenen Wasserdampfes zu dem bei gleicher Temperatur und gleichem Barometerstand bei Sättigung vorhandenen; wir prüfen diese Definition:

Die in 1 m³ feuchter Luft enthaltene Dampfmenge beträgt $\frac{x}{V_{1+x}}$; bei Sättigung und gleicher Temperatur ist sie $\frac{x_S}{V_{1+x,S}}$; demnach ist nach obiger Definition

$$\varphi = \frac{\frac{x}{V_{1+x}}}{\frac{x_S}{V_{1+x,S}}} = \frac{V_{1+x,S}}{V_{1+x}} \cdot \frac{x}{x_S}.$$

Durch Anwendung von Gl. (14) auf die beiden Zustände und Division der beiden Gleichungen entsteht:

$$\frac{h_S V_{1+x}}{h_{WS} V_{1+x,S}} = \frac{x}{x_S}, \quad \text{woraus folgt} \quad \frac{V_{1+x,S}\,x}{V_{1+x}\,x_S} = \frac{h_S}{h_{WS}} = \varphi,$$

womit die Gültigkeit der obigen Definition (8) erwiesen ist.

Mit Gl. (16) können wir φ auch als Funktion von x, x_S und h darstellen:

$$\varphi = \frac{h_S}{h_{WS}} = \frac{x\,h\,(x_S + 0{,}622)}{x_S\,h\,(x + 0{,}622)} = \frac{x\,(x_S + 0{,}622)}{x_S\,(x + 0{,}622)}. \tag{19}$$

Die absolute Feuchte, d. i. die in 1 m³ feuchter Luft enthaltene Gewichtsmenge beträgt $\frac{x}{V_{1+x}}$; sie ergibt sich mit Gl. (15) zu

$$\frac{x}{V_{1+x}} = \frac{x\,h}{(2{,}153 + x\,3{,}461)\,T} = \frac{x\,h}{(x + 0{,}622)\,3{,}461\,T} \quad \text{kg/m}^3.$$

Mit Gl. (18) kann nun in der Ix-Tafel die Sättigungsgrenze für jeden beliebigen Barometerstand eingetragen werden, indem x_S für einige Temperaturen in der Tafel festgelegt wird und die Punkte durch einen Kurvenzug verbunden werden (Abb. 2). Jedem Barometerstande entspricht eine Sättigungskurve; diese Kurven weichen mit wachsender Temperatur mehr und mehr voneinander ab. In Abb. 2 sind zwei derartige Kurven eingetragen, während die beiliegenden Tafeln I und II deren sechs, für die Barometerstände 800, 760, 720, 680, 640 und 600 mm Q.-S. enthalten.

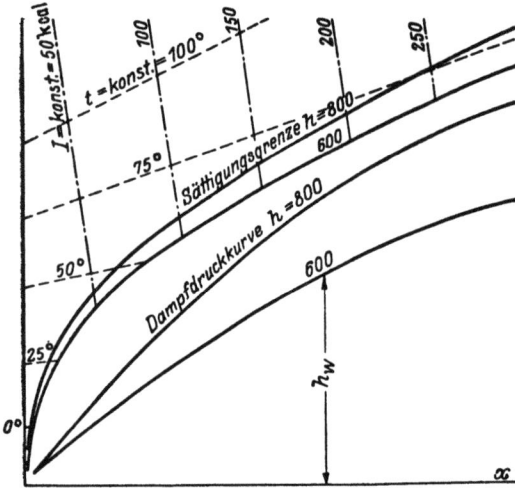

Abb. 2. Sättigungskurven für $h = 800$ und 600 mm Q.-S. in der Ix-Tafel, Dampfdruckkurven $h_W = f(x)$ für $h = 800$ und 600 mm Q.-S.

Der Dampfteildruck h_W ist nach Gl. (16) abhängig von h und x; bei unveränderlichem Barometerstand sind demnach die Geraden $x = $ konst. der Tafel auch gleichzeitig der Ort für $h_W = $ konst. Um h_W in der Tafel zur Hand zu haben, tragen wir über der x-Achse die Dampfdruckkurven $h_W = f(x)$ für die oben aufgeführten Barometerstände ein. In Abb. 2 sind zwei solche Kurven angedeutet; in den Tafeln I und II sind sie vollzählig eingetragen.

Damit kann nun die relative Feuchte für einen Zustand in der Tat leicht ermittelt werden, da

$$\varphi = \frac{h_W}{h_{WS}} \quad \text{für } t = \text{konst.};$$

man hat nur auf der dem herrschenden Barometerstande entsprechenden Dampfdruckkurve den dem Zustande entsprechenden Wert h_W und den Wert h_{WS}

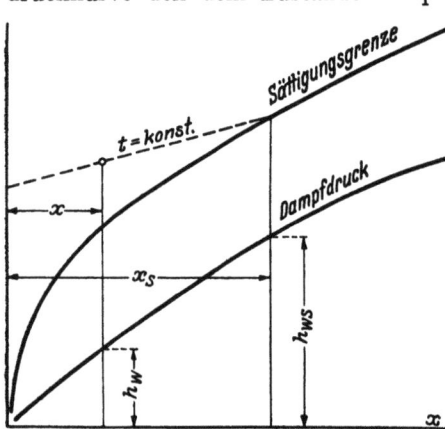

Abb. 3. Ermittlung von $\varphi = h_W/h_{WS}$.

gleicher Temperatur zu entnehmen (Abb. 3), woraus sich φ ergibt. Für nicht eingetragene Zwischenwerte des Barometerstandes muß interpoliert werden, was jedoch keine Schwierigkeiten bereitet. Mit Hilfe dieser Dampfdruckkurven kann auch die Spannungsdifferenz zwischen der auf einer Wasseroberfläche befindlichen, die Temperatur des Wassers aufweisenden, gesättigten, dünnen Luftschicht und der darüber befindlichen Luft bekannten Zustandes sofort ersehen werden; diese Spannungsdifferenz spielt bei der Verdunstung eine wichtige Rolle.

Ist die Gemischtemperatur höher als die dem herrschenden Barometerstande entsprechende Sattdampftemperatur, so verliert der Begriff relative Feuchte seine Gültigkeit; es kann von ihm nur die Rede sein, solange die Gemischtemperatur gleich oder kleiner ist als die Temperatur von Sattdampf von einem Druck gleich dem Barometerstand. Das Gebiet der relativen Feuchte wird also in der Ix-Tafel oben begrenzt durch eine Temperaturgerade $t_{hS} = $ konst., wo t_{hS} die dem Barometerstand entsprechende Sattdampftemperatur ist.

Für $h_W = h$ wird x gemäß Gl. (17) gleich unendlich, d. h. es ist keine Luft mehr, sondern nur noch Wasserdampf vorhanden.

Die Kurven $\varphi = \text{konst}$ in die Ix-Tafel einzutragen, empfiehlt sich nicht, sofern sie für verschiedene Barometerstände Verwendung finden soll; es wäre für jeden Barometerstand eine besondere Kurvenschar einzutragen und die Kurven gleicher Feuchte würden zu nahe beieinander verlaufen. Um aber über ihren Verlauf wenigstens einen Begriff zu geben, sind sie in Abb. 4 für einen Barometerstand angedeutet, außerdem auch die oben erwähnte Gerade $t_{hS} = \text{konst.}$, die das Gebiet der relativen Feuchtigkeit nach oben begrenzt.

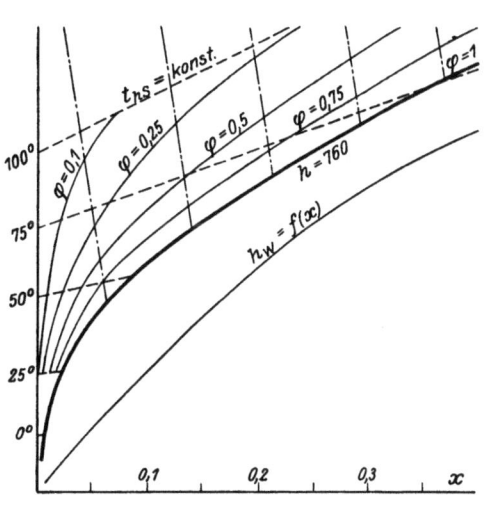

Abb. 4. Kurven $\varphi = \text{konst.}$ in der Ix-Tafel.

Um einen gegebenen Zustand feuchter Luft h, t, φ in die Ix-Tafel einzutragen, liest man auf der Ordinate durch den Schnittpunkt der Temperaturgeraden $t = \text{konst.}$ und der Sättigungskurve für h den Wert h_{WS} auf der zu h gehörigen Dampfdruckkurve ab und errechnet $h_W = \varphi h_{WS}$; die den Wert h_W enthaltende Ordinate bringt man zum Schnitt mit der Geraden $t = \text{konst.}$, womit der gesuchte Punkt festgelegt ist. Um zu einem Zustand in der Ix-Tafel I, x, t den Wert φ zu ermitteln, verwendet man Gl. (8)

$$\varphi = \frac{h_W}{h_{WS}} \quad \text{bei } t = \text{konst.}$$

Errechnen läßt sich für einen Zustand h, t, φ der Wert x, indem man aus der Dampftabelle erst zu t den Wert h_{WS} entnimmt, $h_W = \varphi h_{WS}$ errechnet und damit x aus Gl. (17)

$$x = 0{,}622 \frac{h_W}{h - h_W}.$$

Die seit einigen Jahren aufgekommenen Behaglichkeitsgrenzen für den menschlichen Körper in Temperatur und Feuchten, im Klima[1] lassen sich in der beiliegenden Tafel II bei verschiedenen Luftdrucken mit Hilfe von Temperatur, Sättigungsgrenze und Dampfdruckkurve leicht ermitteln und es kann die Behaglichkeitszone leicht eingetragen werden.

Aus jeder der drei Zustandsgleichungen (13), (14) und (15) läßt sich das spezifische Volumen des Gemisches (Rauminhalt von 1 kg Gemisch), welches mit v_A bezeichnet sei, ermitteln; man hat dort nur von der Gemischmenge $1 + x$ kg auf 1 kg überzugehen; aus Gl. (13) folgt auf diese Weise:

$$h_L \cdot \frac{V_{1+x}}{1+x} = (h - h_W) v_A = \frac{2{,}153}{1+x} T,$$

woraus

$$v_A = \frac{2{,}153\, T}{(1+x)(h - h_W)} \quad \text{m}^3/\text{kg}; \tag{20}$$

---

[1] Ausführliches hierüber in „Lüftungs- und Klima-Anlagen" einschließlich Luftheizung" von Ing. M. Hottinger, Privatdozent a. d. E.T.H. in Zürich, Springer-Verlag, Berlin, 1940, S. 112ff.

aus Gl. (14) und $v_A = \frac{V_{1+x}}{1+x}$ folgt

$$v_A = \frac{3{,}461 \cdot T \cdot x}{(1+x)h_W} \quad \text{m}^3/\text{kg} \tag{20a}$$

und aus Gl. (15)

$$v_A = \frac{(2{,}153 + x\,3{,}461)\,T}{(1+x)h}$$

oder

$$v_A = \frac{3{,}461\,(x + 0{,}622)\,T}{(1+x)h} \quad \text{m}^3/\text{kg}. \tag{20b}$$

Gl. (20b) ist deshalb am bequemsten, weil man hier nicht erst h_W zu ermitteln hat.

Das spezifische Volumen trockener Luft ergibt sich aus Gl. (13) zu

$$v_L = 2{,}153\,\frac{T}{h_L} \quad \text{m}^3/\text{kg} \tag{21}$$

und das von Wasserdampf zu

$$v_W = 3{,}461\,\frac{T}{h_W} \quad \text{m}^3/\text{kg}. \tag{22}$$

Die spezifischen Gewichte sind die reziproken Werte

$$\gamma = \frac{1}{v} \quad \text{kg/m}^3.$$

Von den Kurven $v_A =$ konst. bzw. $\gamma_A =$ konst. wird später im Abschnitt über Beimischen von Wasser und Wasserdampf zu Luft die Rede sein.

3. Zustandsänderungen feuchter Luft, I/x-Maßstab der Ix-Tafel.

Von einer Zustandsänderung in dem Sinne, wie diese Bezeichnung sonst bei Gasen und Dämpfen angewendet wird, indem dort stets von den Änderungen einer gleichbleibenden Gewichtsmenge die Rede ist, kann bei Luft-Wasserdampf-Gemischen nur gesprochen werden, wenn die Zustandsänderung bei unveränderlichem Luft- und veränderlichem Dampfgewicht vor sich geht. Solche kommen in der Praxis vielfach vor, nämlich dann, wenn feuchte Luft erwärmt oder abgekühlt wird, ohne den Taupunkt zu unterschreiten. Ebenso wichtig sind jedoch die Änderungen feuchter Luft, bei welchen Wasserdampfaufnahme oder Wasserniederschlag stattfindet; diese wären im Sinne obiger Ausführungen nicht mehr als Zustandsänderungen zu bezeichnen. Dennoch soll die Beziehungsweise beibehalten werden, da die Eigenschaften feuchter Luft bei gegebenem Barometerstand durch zwei der Zustandsgrößen t, I, x festgelegt sind und ihnen in der Ix-Tafel eindeutig ein Punkt entspricht.

Auf Geraden $x =$ konst. erfolgen Zustandsänderungen bei unveränderlichem Dampfgehalt der feuchten Luft, d. h. Erwärmen oder Abkühlen durch Berührung mit trockenen Heiz- oder Kühlflächen und durch Strahlung. Gemäß Gl. (16) bleibt auch h_W unverändert. In Gl. (12)

$$I = c_{Lp}\,t + x\,(597 + 0{,}46 \cdot t)$$

bleibt x gleich; bei kleinem x ist $x \cdot 0{,}46\,t$ klein und der größte Teil der zu- oder abgeführten Wärme ΔI wird der trockenen Luft zugeführt oder entnommen. Diese Aufteilung von ΔI kann aus der Tafel ersehen werden, wenn man sich die in Abb. 1 eingetragene Zusammensetzung von I vergegenwärtigt.

Auf der Geraden $x=$ konst. durch einen Zustandspunkt findet sich im Schnittpunkt mit der Sättigungsgrenze ($\varphi=1$) der Taupunkt (Abb. 5); wird er bei Wärmeentzug aus der feuchten Luft überschritten, so tritt Wasserniederschlag ein.

Zur Bestimmung des Taupunktes der Atmosphäre dient das Kondensationshygrometer, bei welchem eine polierte Metallfläche durch dahinter befindlichen, verdampfenden Äther abgekühlt wird, dessen Temperatur an einem Thermometer abgelesen werden kann. Im Augenblick der Trübung der vorn befindlichen Metallfläche (Wasserniederschlag) besitzt der Äther die Taupunkttemperatur der gegen die Metallfläche bewegten Luft. Diese Bewegung wird gewöhnlich durch einen kleinen, durch Uhrwerk angetriebenen Ventilator hervorgerufen.

Den Taupunkt feuchter Luft bezeichnen wir mit τ_x, wobei Zeiger x andeuten soll, daß der Taupunkt auf der Geraden $x=$ konst. durch den Zustand der feuchten Luft liegt.

Zur rechnerischen Bestimmung des Taupunktes eines Zustandes h, t, φ entnehmen wir der Dampftabelle den zu t gehörigen Wert h_{WS}, ermitteln $\varphi h_{WS} = h_W$, und erhalten wiederum aus der Dampftabelle in der zu h_W gehörigen Sattdampftemperatur den gesuchten Wert τ_x. Hierbei muß im allgemeinen zwischen Tabellenwerten interpoliert werden.

Auf Geraden $I=$ konst. gehen Zustandsänderungen bei unveränderlichem Wärmeinhalt I unter Änderung von x vor sich; eine solche wird beispielsweise erzielt, wenn wir nicht gesättigter Luft geringe Mengen fein zerstäubten Wassers von $0°$ C (dessen Wärmeinhalt $i_W = 0$ ist) beimengen; das Wasser wird dann durch

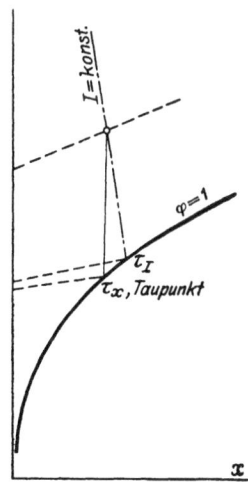

Abb. 5. Der Taupunkt in der Ix-Tafel.

aus der Luft stammende Wärme verdampft und der entstehende Wasserdampf von der Luft aufgenommen; die Folge ist eine Temperaturerniedrigung und Zunahme des Wassergehaltes x der Luft. Geht diese so weit, daß die Luft gesättigt wird, so ist weitere Wasseraufnahme nicht mehr möglich. Den auf diesem Wege erreichten Sättigungszustand bzw. dessen Temperatur wollen wir mit τ_I bezeichnen (Abb. 5).

Wird eine Luftmenge $1+x_1$ mit dem Wärmeinhalt I_1 in irgendeinen andern Zustand I_2, x_2 übergeführt, so stellt der Wert

$$\frac{I_2 - I_1}{x_2 - x_1} \quad \text{kcal/kg Wasserdampf}$$

die Änderung von I je kg zugeführten oder entzogenen Wasserdampfes dar. Er ergibt sich aus Gl. (12) zu

$$\frac{I_2 - I_1}{x_2 - x_1} = \frac{c_{Lp}(t_2 - t_1) + (x_2 - x_1)\,597 + 0{,}46\,(x_2 t_2 - x_1 t_1)}{x_2 - x_1}$$

oder

$$\frac{I_2 - I_1}{x_2 - x_1} = 597 + 0{,}46\,t_2 + \frac{t_2 - t_1}{x_2 - x_1}(c_{Lp} + 0{,}46\,x_1). \tag{23}$$

In der Ix-Tafel ist der Wert $I_2 - I_1/x_2 - x_1$ durch den Neigungswinkel der Verbindungsgeraden der beiden Zustandspunkte I_1, x_1 und I_2, x_2 gegen die

Abszissenachse bestimmt und läßt sich aus der Tafel in einfacher Weise entnehmen, wenn man nach dem Vorschlage Molliers[1]) am Rande der Tafel einen Richtungsmaßstab für den Wert I/x anbringt, wie dies Abb. 6 und Tafel I und II zeigen. Um den Wert I_2-I_1/x_2-x_1 für irgendeine Zustandsänderung 1—2 zu ermitteln, hat man nur durch den 0-Punkt ($x=0$ und $t=0°$ C) eine Parallele zu 1—2 zu ziehen, bei deren Durchgang durch den Randmaßstab der gesuchte Wert I_2-I_1/x_2-x_1 abgelesen werden kann.

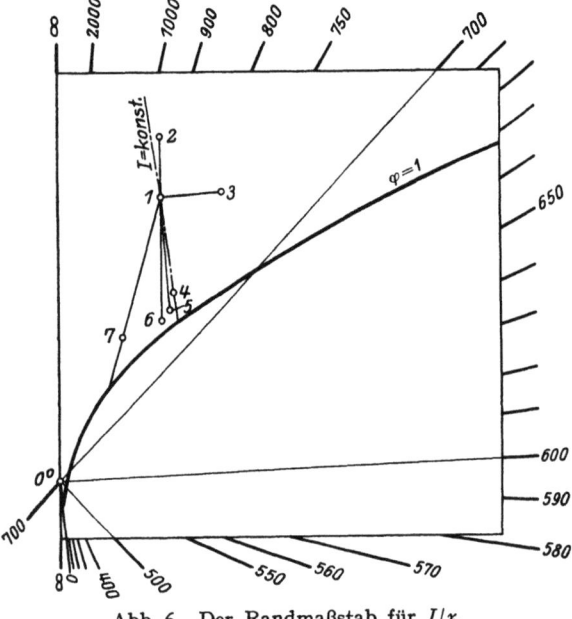

Abb. 6. Der Randmaßstab für I/x.

Dieser Wert ist für alle von einem Anfangszustande I_1, x_1 aus in der Richtung I_2-I_1/x_2-x_1 erfolgenden Zustandsänderungen 1—2 konstant. Für die in Abb. 6 eingetragenen, von Punkt 1 aus erfolgenden Zustandsänderungen nach den Endzuständen 2, 3, 4, 5, 6 und 7 ergeben sich für

2. $I_2-I_1/x_2-x_1=\infty$, $I_2>I_1$, $x_2=x_1$,
d. h. Wärmeaufnahme bei $x=$ konst.,

3. $\infty>I_3-I_1/x_3-x_1>0$, $I_3>I_1$, $x_3>x_1$,
d. h. Wärmeaufnahme, Wasseraufnahme,

4. $I_4-I_1/x_4-x_1=0$, $I_4=I_1$, $x_4>x_1$,
d. h. $I=$ konst., Wasseraufnahme,

5. $\infty<I_5-I_1/x_5-x_1<0$, $I_5<I_1$, $x_5>x_1$,
d. h. Wärmeabgabe, Wasseraufnahme,

6. $I_6-I_1/x_6-x_1=-\infty$, $I_6<I_1$, $x_6=x_1$,
d. h. Wärmeabgabe bei $x=$ konst.,

7. $I_7-I_1/x_7-x_1>0$, $I_7<I_1$, $x_7<x_1$,
d. h. Wärmeabgabe, Wasserabgabe.

Wasserabgabe aus der Luft kann nur erfolgen, wenn sie bereits gesättigt ist; die Zustandsänderung erfolgt dann auf der Sättigungskurve.

4. Mischen von Luftmengen verschiedenen Zustandes bei $h=$ konst.

Es soll eine Menge A_1 kg feuchter Luft vom Zustande I_1, x_1, enthaltend L_1 kg trockene Luft, mit einer andern A_2, I_2, x_2, L_2 gemischt werden. Die Mischung gehe bei unveränderlichem atmosphärischem Drucke vor sich. Der

---
[1]) Z. V. d. I. 1923, S. 869.

Zustand der Luft nach der Mischung, I_M, x_M, sei zu bestimmen. Es ist

$$A_1 = L_1(1+x_1) \text{ kg} \quad \text{und} \quad A_2 = L_2(1+x_2) \text{ kg}.$$

Wir setzen das Mischverhältnis

$$\frac{L_2}{L_1} = n; \qquad (24)$$

auf eine Menge $1+x_1$ der feuchten Luft A_1 entfallen dann $n(1+x_2)$ kg der feuchten Luft A_2; für die Mischung dieser beiden Mengen gilt die Gleichung

$$I_1 + nI_2 = (1+n) I_M,$$

woraus folgt

$$I_M = \frac{I_1 + nI_2}{1+n}; \qquad (25)$$

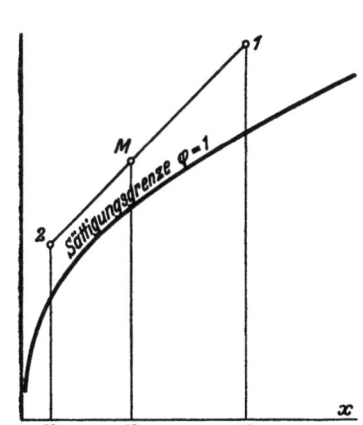 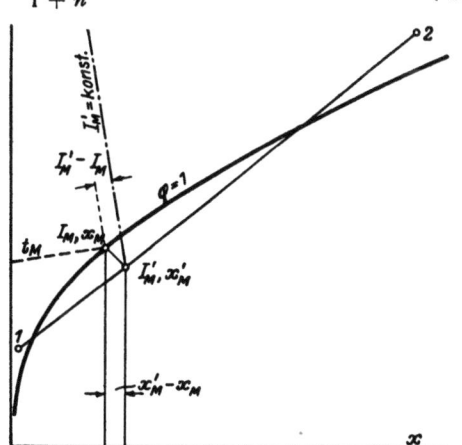

Abb. 7. Mischung zweier Luftmengen mit den Zuständen I_1, x_1 und I_2, x_2.

Abb. 8. Mischung zweier Luftmengen mit Wasserniederschlag.

das Gemisch enthält $1+n$ kg trockene Luft und $x_1 + nx_2$ kg Wasserdampf; x_M ist demnach

$$x_M = \frac{x_1 + nx_2}{1+n}, \quad \text{und} \quad n = \frac{x_1 - x_M}{x_M - x_2}. \qquad (26)$$

Schreiben wir Gl. (25) und (26) in der Form

$$I_1 - I_M = n(I_M - I_2)$$

und

$$x_1 - x_M = n(x_M - x_2),$$

so erhalten wir durch Division der ersten durch die zweite

$$\frac{I_1 - I_M}{x_1 - x_M} = \frac{I_M - I_2}{x_M - x_2};$$

dies ist die Gleichung einer Geraden mit den Koordinaten I_M, x_M durch die Punkte I_1, x_1 und I_2, x_2.

Der Zustand I_M, x_M liegt daher auf der Verbindungsgeraden der Punkte *1* und *2* (Abb. 7); seine dortige Lage ist bestimmbar mit Gl. (25) oder (26); er liegt

näher an 2, wenn $L_2 > L_1$ und
näher an 1, wenn $L_1 > L_2$ ist.

Schneidet die Verbindungsgerade *1—2* die Sättigungsgrenze, so kann sich ein Mischzustand ergeben, der außerhalb der Sättigungsgrenze liegt (I'_M, x'_M in Abb. 8); es ist dann Wasserniederschlag eingetreten; unter der Voraussetzung, daß die Niederschlagswasser und die Mischluft I_M, x_M die gleiche Temperatur t_M aufweisen, bestimmt sich I_M, x_M aus der Gleichung, welche besagt, daß I'_M übereinstimmen muß mit I_M zuzüglich des Wärmeinhaltes des Niederschlagswassers

$$I'_M = I_M + (x'_M - x_M)\, t_M$$

oder $$I'_M - I_M = (x'_M - x_M)\, t_M.$$

Diese Gleichung ist an Hand der Ix-Tafel auf dem Probierwege zu lösen: Man sucht auf der Sättigungskurve denjenigen Punkt I_M, x_M, t_M, der die Gleichung erfüllt. I_M ist nur wenig kleiner als I'_M, da die Niederschlagsmenge gering ist.

An die Stelle des unmöglichen Zustandes I'_M, x'_M der Gemischmenge $1 + x'_M$ ist nun getreten: eine Gemischmenge $1 + x_M$ und eine Wassermenge $x'_M - x_M$, beide mit der Temperatur t_M.

5. Beimischen von Wasserdampf und Wasser zu Luft.

Wir mischen einer Luftmenge $A = L(1 + x_1)$ kg vom Zustande I_1, t_1 eine Menge Wasserdampf W kg bei, dessen Wärmeinhalt je kg mit i_W bezeichnet sei. Der Zustand des Gemenges I_2, x_2, t_2 sei zu bestimmen. Für die Mischung der Lten Teile A/L und W/L gelten die Gleichungen

$$I_1 + \frac{W}{L} i_W = I_2 \tag{27}$$

und

$$x_1 + \frac{W}{L} = x_2; \tag{28}$$

Gl. (27) dividiert durch (28) ergibt

$$\frac{I_2 - I_1}{x_2 - x_1} = i_W. \tag{29}$$

Durch diesen Wert ist die Richtung der Zustandsänderung in der Ix-Tafel festgelegt (Randmaßstab), sie erfolgt von I_1, x_1 aus in der Richtung $I/x = i_W$, wie groß auch der Wert von W/L sei; für einen gegebenen Wert von W/L gibt Gl. (28) den Wert x_2, womit der Zustand I_2, x_2 bestimmt ist.

Errechnen läßt sich der gesuchte Zustand aus Gl. (27) und (28), wenn man I_1 und I_2 durch ihre aus Gl. (12)

$$I = c_{Lp} t + x(597 + 0,46\, t)$$

sich ergebenden Werte ersetzt.

Die Gleichungen (27), (28) und (29) bleiben gültig, wenn man der Luft I_1, x_1, t_1 anstatt Wasserdampf eine Wassermenge W beimengt, die jedoch nur so groß sein soll, daß sie von der Luft gänzlich aufgenommen werden kann. Unter i_W versteht man dann den Wärmeinhalt des beizumischenden Wassers, also die Flüssigkeitswärme, die annähernd mit der Wassertemperatur in °C übereinstimmt.

Die Richtungen I/x weichen beim Zumischen von Wasserdampf oder von Wasser erheblich voneinander ab und können jede, besonders die für Wasser, nur in einem kleinen Sektor (α und β in Abb. 9 und 10) verlaufen; es betragen nämlich die Wärmeinhalte i_W

für Sattdampf von 1 at abs $\quad i_W \approx 638{,}5$ kcal/kg,[1])
„ überhitzten Wasserdampf von 1 at abs und 350°C $i_W \approx 757{,}5$ kcal/kg,[2])
„ Wasser von 0° $\quad i_W = 0$,
„ Wasser von 100° $\quad i_W \approx 100$ kcal/kg.

Aus der Ix-Tafel kann ersehen werden, bis zu welchem Werte W/L die Wasserzufuhr getrieben werden kann, ohne die Sättigungsgrenze zu überschreiten; x_2 darf nicht größer werden als der im Schnittpunkt des Strahles $I_2 - I_1/x_2 - x_1$ mit der dem herrschenden Barometerstand entsprechenden Sättigungskurve vorhandene Wert x_{2S}; es ist dann

$$(W/L)_{max} = x_{2S} - x_1 \quad \text{bei} \quad I/x = i_W.$$

Mit der Änderung des Dampfgehaltes x der Gemischmenge $1+x$ kg ist im allgemeinen auch eine Veränderung ihres Volumens verbunden. Um diese zu ermitteln, greifen wir zurück auf die Zustandsgleichung (14), geltend für x kg Wasserdampf in dem der Gemischmenge $1+x$ gemeinsamen Raume V_{1+x}

$$h_W V_{1+x} = 3{,}461 \, x T; \quad (14)$$

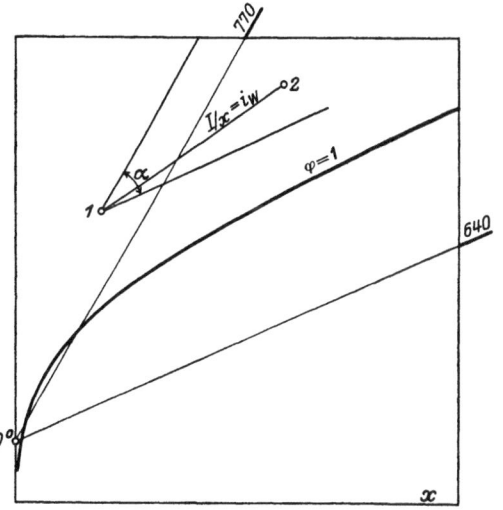

Abb. 9. Beimischen von Wasserdampf zu Luft.

für einen andern Zustand x', T', h'_W lautet die Zustandsgleichung

$$h'_W V'_{1+x} = 3{,}641 \, x' T';$$

daraus ergibt sich

$$\frac{V'_{1+x}}{V_{1+x}} = \frac{h_W x' T'}{h'_W x T},$$

woraus unter Verwendung von Gl. (16)

$$h_W = \frac{xh}{x + 0{,}622}$$

folgt

$$\frac{V'_{1+x}}{V_{1+x}} = \frac{(x' + 0{,}622) T'}{(x + 0{,}622) T}. \quad (30)$$

Für Zustandsänderungen, die der Bedingung

$$(x + 0{,}622) T = (x' + 0{,}622) T'$$

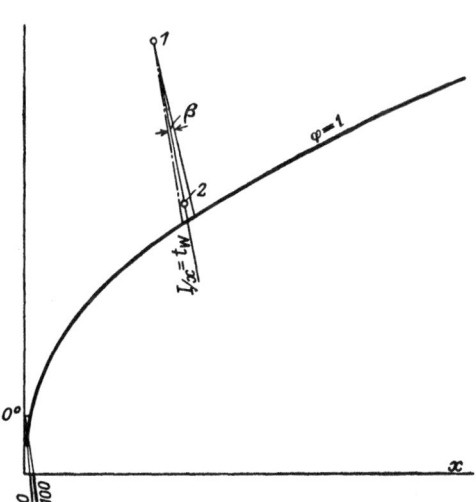

Abb. 10. Beimischen von Wasser zu Luft.

genügen, bleibt also bei konstantem Gesamtdrucke h das Volumen der Gemischmenge konstant. Um über den Verlauf der Kurven

$$(x + 0{,}622) T = \text{konst.}$$

---

[1]) „Hütte", 27. Aufl., Bd. 1, S. 562.
[2]) „Hütte", 27. Aufl., Bd. 1, S. 566.

einen Einblick zu gewinnen, tragen wir in der Ix-Tafel einige derselben ein; das Bild, das wir erhalten, ist in Abb. 11 angedeutet; die Kurven sind annähernd Gerade, deren Richtung annähernd mit $I/x = 500$ übereinstimmen.

Für
$$\frac{(x' + 0{,}622)\,T'}{(x + 0{,}622)\,T} > 1 \text{ ist } V'_{1+x} > V_{1+x},$$

und für
$$\frac{(x' + 0{,}622)\,T'}{(x + 0{,}622)\,T} < 1 \text{ ist } V'_{1+x} < V_{1+x}.$$

Volumenzunahmen ergeben Zustandsänderungen mit Richtungen $I/x >$ rd. 500, z. B. Beimischen von Wasserdampf zu Luft, Volumenverkleinerung dagegen für $I/x <$ rd. 500, z. B. Beimischen von flüssigem Wasser zu Luft.

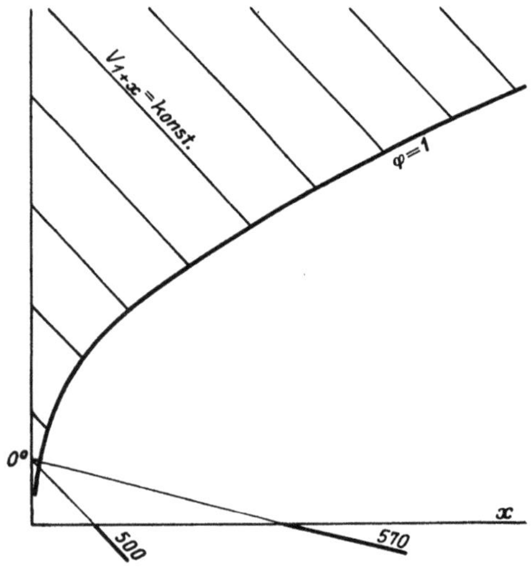

Bleibt die Temperatur während einer Zustandsänderung unverändert, so gilt

$$\frac{V'_{1+x}}{V_{1+x}} = \frac{(x' + 0{,}622)}{(x + 0{,}622)}, \text{ für } T = \text{konst.} \quad (31)$$

womit, wenn $x' > x$, auch $V'_{1+x} > V_{1+x}$.

Für $x = $ konst. folgt aus Gl. (30)

$$\frac{V'_{1+x}}{V_{1+x}} = \frac{T'}{T}.$$

Von dieser absoluten Volumenänderung beim Übergang einer Gemischmenge $1 + x$ zu einer solchen $1 + x'$ zu unterscheiden, ist die Änderung des spezifischen Volumens (Rauminhalt von 1 kg) des Gemisches, v_A; sie ergibt sich aus Gl. (20b) für die Zustände x, T und x', T' zu

Abb. 11. Ort konstanten absoluten Volumens.

$$\frac{v'_A}{v_A} = \frac{(x' + 0{,}622)(1 + x)\,T'}{(x + 0{,}611)(1 + x')\,T},$$

für $v'_A = v_A$ gilt
$$\frac{1 + x}{(x + 0{,}622)\,T} = \frac{1 + x'}{(x' + 0{,}622)\,T'}, \text{ für } v_A = \text{konst.} \quad (32)$$

Die Kurven $v_A = $ konst. sind in der Ix-Tafel ebenfalls annähernd Gerade mit annähernden Richtung $I/x = 570$; für Richtungen $I/x >$ rd. 570 erfolgt Vergrößerung, für solche $<$ rd. 570 Verkleinerung des spezifischen Volumens.

Im umgekehrten Sinne erfolgt die Änderung des spezifischen Gewichtes (Gewicht von 1 m³) des Gemisches, da ja $\gamma_A = 1/v_A$.

Ferner ist
$$\frac{v'_A}{v_A} = \frac{(x' + 0{,}622)(1 + x)}{(x + 0{,}622)(1 + x')} \text{ für } T = \text{konst.} \quad (33)$$

Nach diesen Erörterungen über Volumenänderung bei Zustandsänderungen kehren wir zurück zum gegenseitigen Verhalten von Luft und Wasser.

Setzen wir Wasser nichtgesättigter Luft aus, so tritt erfahrungsgemäß Wasserverdunstung ein. Diese geht bei ruhendem Wasser und ruhender Luft sehr langsam vor sich, weil die Diffusion, deren Erzeuger das Dichtegefälle ist, sehr langsam verläuft; die in der Zeiteinheit von der Flächeneinheit des Wasserspiegels verdampfte Wassermenge ist gering; streicht die Luft jedoch über die Wasserfläche hin, so ist die Verdunstung größer, weil dann zur Diffusion die Abfuhr von Wasserdampf durch Luftwechsel tritt.

Zur Verfolgung des Verdunstungsvorganges eignet sich das Psychrometer sehr gut, weshalb wir die Vorgänge an diesem Instrument einer Betrachtung unterziehen wollen. Es dient in Verbindung mit einem Barometer zur Bestimmung des Wassergehaltes feuchter Luft und besteht aus zwei in einigen Zentimetern Abstand voneinander angeordneten Thermometern, deren eines am Quecksilbergefäß mit einem durch Wasser angefeuchteten Gazelappen umwickelt ist. Wird das Instrument der zu untersuchenden Luft ausgesetzt, so stellt sich am feuchten Quecksilbergefäß aus später zu erklärendem Grunde eine geringe Bewegung der Luft ein. Das trockene Thermometer zeigt nach Verlauf einiger Zeit, wenn Beharrungszustand eingetreten ist, die Temperatur der Luft an, das feuchte Thermometer jedoch, sofern die zu untersuchende Luft nicht gesättigt ist, eine etwas niedrigere Temperatur. Dieser Temperaturunterschied hat seine Ursache in der am feuchten Quecksilbergefäß auftretenden Wasserverdunstung; haben nämlich die Luft und das Wasser am feuchten Thermometer zu Beginn der Messung die gleiche Temperatur und ist die Luft nicht gesättigt, so setzt die Verdampfung ein, da die Dampfspannung der Luft kleiner ist als die des Wassers (Abb. 12). Die zur Wasserverdampfung erforderliche Wärme wird anfangs dem Wasser entzogen; infolgedessen beginnt seine Temperatur zu fallen; damit setzt aber auch sofort die Wärmezufuhr aus der Luft ein; das Fallen der Wassertemperatur dauert an, bis die Wärmezufuhr aus der Luft, die mit größer werdendem Temperaturunterschied wächst, zur Wasserverdampfung hinreicht;

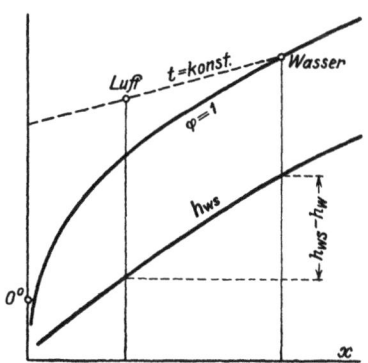

Abb. 12. Unterschied der Dampfspannungen $h_{WS}-h_W$ zwischen Luft und Wasser gleicher Temperatur.

die vorbeistreichende Luft tauscht dann eigene Wärme gegen Wasserdampf aus und erleidet, wenn sie mit dem Wasser am Quecksilbergefäß in Berührung kommt, eine Abkühlung auf die konstant gewordene Wassertemperatur.

In diesem Beharrungszustande liegt nun ein Beispiel für Mischung von Luft und Wasser konstanter Temperatur vor; die Zustandsänderung der Luft erfolgt also in der Ix-Tafel auf einem Richtungsstrahl $I/x=t_f$ vom Anfangszustand der Luft aus, wenn t_f die vom feuchten Thermometer angezeigte Temperatur bezeichnet. Wir können den Zustand der mit dem Wasser in Berührung stehenden Luftschicht in der Ix-Tafel bestimmen (Abb. 13), indem wir die Gerade $t_f=$ konst. mit der Geraden $I/x=t_f$ durch den Zustandspunkt der Luft A zum Schnitt bringen, Punkt B. Die Zustände der von der Wasseroberfläche weiter ab befindlichen Luftschichten liegen in der Ix-Tafel auf der Verbindungslinie $A-B$, da hier eine Mischung von Luft vom Zustande A mit solcher vom Zustande B stattfindet. Mit Zustandsänderungen in der Richtung $A-B$ gemäß den Erörterungen nach Gl. (32) eine Zunahme des spezifischen Gewichtes der Luft verbunden; die Luft muß daher nach der Wasserdampfaufnahme nach unten sinken und frische Luft nach sich ziehen; wir haben also die oben erwähnte Abwärtsbewegung der Luft am Quecksilbergefäße des feuchten Thermometers, welche die Verdunstung wirksam unterstützt. Auf einer unendlich großen waagerechten Wasseroberfläche kommt diese Luftbewegung nicht zur Geltung.

Für eine Messung mit dem Psychrometer ist die Anfangstemperatur des Wassers am feuchten Quecksilbergefäß ohne Einfluß auf das Meßergebnis, sofern der oben erwähnte Beharrungszustand abgewartet wird; war die Wassertemperatur ursprünglich höher als die Beharrungstemperatur t_f, so wird dem Wasser in der oben geschilderten Weise Wärme entzogen, bis t_f erreicht ist; ist die anfängliche Wassertemperatur niedriger als t_f, so tritt zuerst nur Wärmezufuhr aus der Luft ein, solange die Dampfspannung des Wassers kleiner ist als die der Luft; sind sie gleich geworden, so setzt bei weiterer Wärmezufuhr die Verdampfung ein; allein die Wärmezufuhr überwiegt zuerst noch die Wärmeabgabe durch Verdampfung, und die Temperatur des Wassers steigt weiter; mit steigender Wassertemperatur aber nimmt die Wärmezufuhr in der Zeiteinheit ab, während die Verdampfung wegen des Wachsens der Spannungsdifferenz steigt; schließlich wird der Beharrungszustand B erreicht, bei dem die zugeführte Wärme gerade den Wärmebedarf der Verdampfung deckt.

Vergrößern wir nun den Luftwechsel am feuchten Quecksilbergefäß, indem wir z. B. mittels eines kleinen Ventilators oder durch Bewegen des Thermometers einen stärkeren Luftstrom erzeugen, so sinkt, wie der Versuch zeigt, die Temperatur des feuchten Thermometers weiter und bleibt bei unveränderter Luftgeschwindigkeit nach einiger Zeit auf einer Temperatur t_f'' stehen, womit ein neuer Beharrungszustand, C in Abb. 13, erreicht ist; der Grund für das Fallen der Wassertemperatur ist die bei gesteigerter Luftgeschwindigkeit erhöhte Verdunstung; die lediglich durch Wachsen der Luftgeschwindigkeit erhöhte Wärmezufuhr reichte zur Bestreitung des Wärmeverbrauches der Verdampfung nicht hin; es wurde dem Wasser Wärme durch Temperaturerniedrigung entzogen, bis der Temperaturunterschied zwischen Frischluft und Wasser zur Übertragung der Verdampfungswärme genügte.

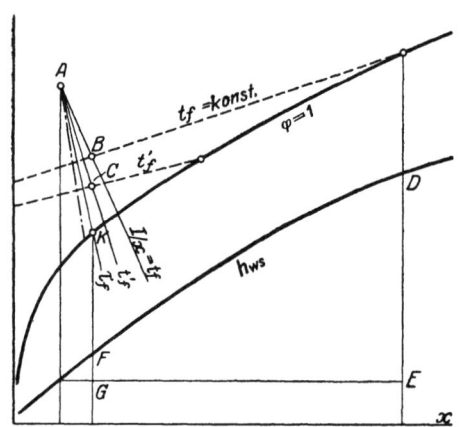

Abb. 13. Der Vorgang am feuchten Thermometer des Psychrometers.

Weiter vermehrter Luftgeschwindigkeit entsprechen weitere Beharrungszustände mit niedrigerer Wassertemperatur; allein dies geht nicht grenzenlos weiter, denn wenn die durch den Wärme-Wasser-Austausch abgekühlte Luft an der Oberfläche des Wassers den Sättigungszustand erreicht, so kann ihre Temperatur und die des mit ihr in Berührung stehenden Wassers nicht mehr sinken; es ist die Grenztemperatur erreicht, auf welche das Wasser mit der vorhandenen Frischluft gekühlt werden kann, die Kühlgrenze der Atmosphäre oder kurz Kühlgrenze, Punkt K in Abb. 13; wir bezeichnen sie mit τ_f, wobei der Zeiger f auf das feuchte Thermometer hinweisen soll.

Erfahrungsgemäß wird die Kühlgrenze am feuchten Thermometer bei Luftgeschwindigkeiten von > 2 m/s[1]) erreicht. Bei noch größerer Luftgeschwindigkeit steigt wohl die in der Zeiteinheit verdampfte Wassermenge, τ_f aber bleibt bestehen.

---

[1]) Wärme- und Stoffaustausch im Mollierschen i, x-Bild von Emil Kirschbaum VDI, Karlsruhe: „Forschung auf dem Gebiete des Ingenieurwesens" Bd. 7 (1936) Nr. 3, S. 109/113.

Aus Abb. 13 ist zu ersehen, daß der Unterschied der Dampfspannungen zwischen dem Wasser am feuchten Quecksilbergefäß und der zuströmenden Luft mit zunehmender Luftgeschwindigkeit erheblich abnimmt; er geht vom Anfangswert DE auf den Wert FG an der Kühlgrenze zurück. Dennoch steigt die an der Flächeneinheit der Wasseroberfläche in der Zeiteinheit verdampfte Wassermenge mit zunehmender Luftgeschwindigkeit und man sieht, wie vorteilhaft starker Luftwechsel an einer Wasseroberfläche zur Erzielung starker Verdampfung ist.

Es sei hier noch bemerkt, daß die 1 kg Wasser zu seiner Verdampfung bei konstantem Druck und konstanter Temperatur zuzuführende Wärmemenge, die Verdampfungswärme, mit sinkender Wassertemperatur etwas steigt; sie beträgt nach „Hütte", 27. Aufl., S. 560 bei 25°C 583,2 kcal, bei 0°C 597,2 kcal.

Bei Versuchen mit dem feuchten Thermometer ist noch zu beachten, daß auch das Glas des Quecksilberbehälters (spezifische Wärme 0,2 kcal/kg) und das Quecksilber (spezifische Wärme 0,033 kcal/kg) die Temperaturänderungen mitmachen müssen, wodurch die des Wassers etwas verzögert wird.

Zur Bestimmung des Dampfgehaltes x aus den beiden am Psychrometer abgelesenen Temperaturen t_A und τ_f zieht man im Punkte τ_f der dem herrschenden Barometerstande entsprechenden Sättigungskurve eine Gerade mit der Richtung $I/x = \tau_f$ und bringt sie zum Schnitte mit der Geraden $t_A = $ konst.; der Schnittpunkt gibt den Atmosphärenzustand I_A, x_A (Abb. 14). Die Richtung $I/x = \tau_f$ weicht nur wenig von der Richtung $I/x = 0$ oder $I = 0$ ab und kann durch sie ersetzt werden.

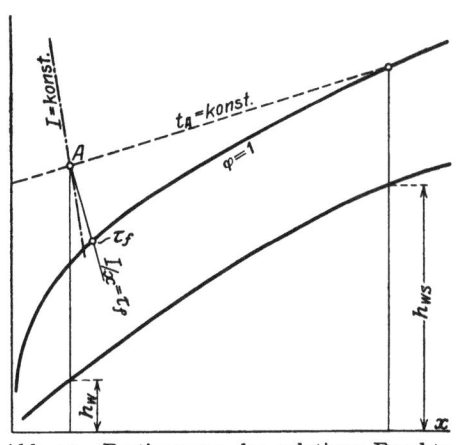

Abb. 14. Bestimmung der relativen Feuchte des Zustandes A.

Die relative Feuchte $$\varphi = h_W/h_{WS}$$
findet sich rasch mit Hilfe der Dampfdruckkurven (Abb. 14).

Es soll hier noch darauf hingewiesen werden, daß bei Temperaturmessungen der Luft der Einfluß der Strahlung der Sonne und der umgebenden Gegenstände nach Möglichkeit ausgeschaltet werden muß, dagegen die Wärmeübertragung durch Steigerung der Luftgeschwindigkeit möglichst groß gemacht werden soll, denn nur unter diesen Bedingungen wird die wahre Lufttemperatur ermittelt. In der Meteorologie werden Thermometer verwendet, die in einer hochglanzpolierten Metallhülse stecken, durch welche vermittels eines kleinen, durch Uhrwerk angetriebenen Ventilators Luft mit einer Geschwindigkeit von etwa 3 m/sk gesaugt wird (Aspirationsthermometer). Derartig ausgerüstete Instrumente können ohne weiteres bei hellem Sonnenschein benützt werden. Es sei hier auf die interessante Veröffentlichung von H. Hausen[1] über die Messung von Lufttemperaturen in geschlossenen Räumen mit nicht strahlungsgeschützten Thermometern verwiesen.

---

[1] Z. techn. Phys. 1924, S. 169f.

Die Orte konstanter Kühlgrenze sind in der Ix-Tafel die Geraden mit der Richtung $I/x = \tau_f$ durch die auf der Sättigungsgrenze gelegenen Punkte mit der Temperatur τ_f; ihre Richtung ist etwas weniger steil als die Richtung I = konst., und zwar um so weniger, je niedriger die Temperatur τ_f ist. Abb. 15 zeigt einige dieser Geraden (nicht maßstäblich), sowie die Richtung I = konst.

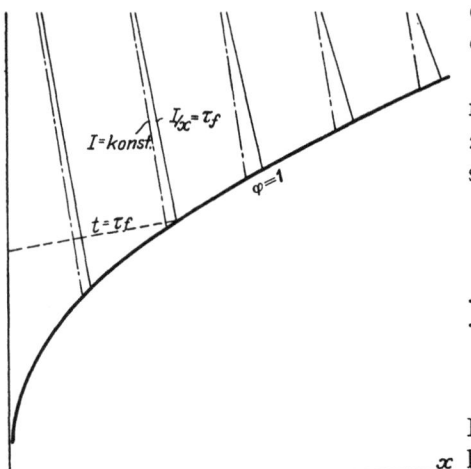

Abb. 15. Der Ort konstanter Kühlgrenze.

6. Luftdurchströmter Kanal, enthaltend eine Wassermenge.

Um die Austauschvorgänge zwischen Luft und Wasser zu untersuchen, denken wir uns einen Kanal, durch den Luft ströme; als derartige Kanäle können auch industrielle Betriebsräume aufgefaßt werden, da auch sie von Luft durchströmt werden, indem ihnen frische Luft zugeführt und verbrauchte entzogen wird.

Im Kanale befinde sich ein offener Wasserbehälter (Abb. 16), dessen Wandungen wie auch die des Kanales wärmeundurchlässig seien. Sofern die eintretende Luft nicht gesättigt ist und Beharrungszustand herrscht, findet Wasserverdunstung bei unveränderlicher Wassertemperatur statt.

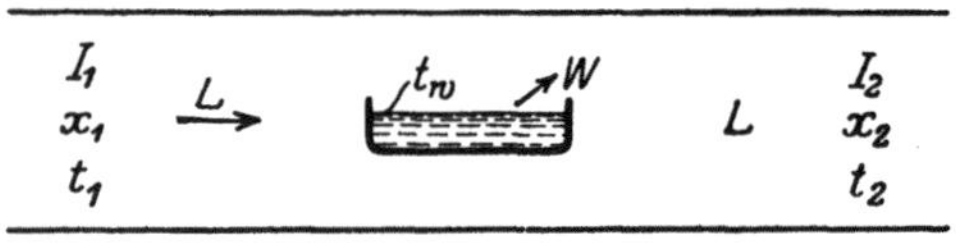

Bezeichnet man mit

Abb. 16. Luftdurchströmter Kanal, enthaltend eine Wassermenge.

I_1, x_2, t_1 die Zustandsgrößen der Frischluft,
I_2, x_1, t_2 die Zustandsgrößen der Abluft,
L kg die in der Zeiteinheit durch den Kanal strömende, trockene Luftmenge,
W kg die in der Zeiteinheit verdunstete Wassermenge,
t_W °C die Wassertemperatur im Beharrungszustande,

so lauten die Wärme- und die Wasserbilanz, bezogen auf 1 kg trockene Luft ($L = 1$),

$$I_1 + \frac{W}{L} t_W = I_2 \quad \text{(Wärme)} \tag{34}$$

und

$$x_1 + \frac{W}{L} = x_2 \quad \text{(Wasser)}, \tag{35}$$

woraus folgt

$$\frac{I_2 - I_1}{x_2 - x_1} = t_W, \tag{36}$$

ein Ergebnis, welches wir im 5. Abschnitt über Zumischen von Wasser zu Luft bereits erhielten (29), $i_W = t_W$. Die Zustandsänderung der Luft erfolgt in der Ix-Tafel auf dem Richtungsstrahle $I/x = t_W$ durch den Anfangszustand I_1, x_1, und da t_W nur Werte in den Grenzen 0° bis 100° C annehmen kann, tritt Abkühlung der Luft ein. Wie beim feuchten Thermometer, ist t_W auch hier eine

Funktion der Luftgeschwindigkeit über dem Wasserspiegel, unveränderlichen Anfangszustand I_1, x_1 vorausgesetzt; mit wachsender Luftgeschwindigkeit nimmt t_W ab und erreicht schließlich den Grenzwert τ_f, die Kühlgrenze.

Im allgemeinen wird die durch den Kanal streichende Luft nicht in ihrer Gesamtheit mit der Wasseroberfläche in Berührung kommen; der Teil, der dies tut, nimmt Wasserdampf auf und kühlt sich ab; aus diesem Teil tritt der aufgenommene Wasserdampf durch Diffusion und durch Mischung auch in den andern Teil der Luft über; der Endzustand I_2, x_2 ist das Ergebnis dieses Vorganges, der sich auf dem Richtungsstrahle $I/x = t_W$ abspielt.

Die verdunstete Wassermenge W ist abhängig vom Zustande der Frischluft I_1, x_1, von der Größe der Wasseroberfläche und von der Luftgeschwindigkeit über dieser Fläche; nach Versuchen von Dalton, Stefan, Schierbeck u. a.[1]) ist die auf die Flächeneinheit der Wasseroberfläche (O) entfallende Verdunstung W/O proportional der Quadratwurzel aus der Luftgeschwindigkeit und ferner proportional der Druckdifferenz zwischen dem zur Wassertemperatur gehörigen Sattdampfdruck und dem Wasserdampfteildruck der zuströmenden Luft. Diese Spannungsdifferenz nimmt in unserem Falle mit wachsender Luftgeschwindigkeit ab; allein der die Verdunstung fördernde Einfluß der steigenden Luftgeschwindigkeit überwiegt den hemmenden Einfluß der Verminderung durch die Abnahme der Spannungsdifferenz, wie Versuche mit dem feuchten Thermometer bei verschiedenen Luftgeschwindigkeiten zeigen. Ein derartiger Versuch wurde in folgender Weise durchgeführt:

Ein feuchtes und ein trockenes Thermometer, je mit $^2/_{10}$-Gradeinteilung, wurden mitten im Zimmer in ruhender Luft in etwa 20 cm Abstand voneinander frei aufgehängt; der Barometerstand betrug 730 mm Q.-S. von 0°. Nach Erreichung des Beharrungszustandes zeigte das trockene Thermometer (t_1) 17,2°, das feuchte (t_W) 13,2°; am Quecksilbergefäß des feuchten Thermometers muß wegen der Zunahme des spezifischen Gewichtes der Luft bereits eine geringe, nach abwärts gerichtete Luftströmung vorhanden gewesen sein; um diese für einen zweiten Versuch noch zu verringern, wurde unten am Thermometer ein leeres Glas von 55 mm Durchmesser und 75 mm Tiefe angebracht, so daß das Thermometer in das Glas hineinragte, ohne es zu berühren; die Beharrungstemperatur war dann 14,6°. Hierauf wurde das Thermometer an der gleichen Stelle von Hand rasch hin und her geschwungen und auf diese Weise eine Beharrungstemperatur von 12,8° erreicht. Dem Übergang der Wassertemperatur von 14,6° auf 12,8° entspricht eine Verminderung der Dampfspannungsdifferenz Luft-Wasser auf etwa die Hälfte, während die Luftgeschwindigkeit einige Male verhundertfacht wurde; der Einfluß der Luftgeschwindigkeit überwiegt also den der Spannungsdifferenz bedeutend. Ähnliche Verhältnisse wird man bei allen andern Luftzuständen feststellen; die Verdunstung W/O nimmt mit wachsender Luftgeschwindigkeit (fallendem t_W) zu. Daraufhin deutet auch der gesteigerte Wärmeverbrauch an der Wasseroberfläche; mit wachsender Temperaturdifferenz $t_1 - t_W$ muß die diesem Verbrauch entsprechende Wärmezufuhr aus der Luft wachsen; erhöhte Wärmezufuhr ist hier aber gleichbedeutend mit gesteigerter Verdunstung W/O.

Ist ein großer Wert W/L erwünscht, so ist die der Luft dargebotene Wasseroberfläche möglichst groß zu machen und für große Luftwechsel an der Wasseroberfläche zu sorgen; dies kann hier dadurch erreicht werden, daß das Wasser

---

[1]) S. hierüber Trabert: Meteor. Z. 1896 S. 261.

der Luft in mehreren übereinander angeordneten, flachen Behältern dargeboten wird, zwischen denen die Luft durchstreicht.

Soll die Wasserverdunstung dagegen klein sein, so sind kleine Wasseroberfläche und kleine Luftgeschwindigkeit geboten.

Lassen wir die Voraussetzung, daß die Wandungen des im Kanal befindlichen Wasserbehälters wärmeundurchlässig seien, fallen, so tritt Wärmezufuhr aus der an den Wandungen vorbeistreichenden Luft zum Wasser ein; t_W und damit die Dampfdruckdifferenz zwischen Wasser und Luft, sowie die Verdunstung W/O werden etwas größer als beim wärmedichten Wasserbehälter, gleiche Luftgeschwindigkeit und gleicher Luftzustand I_1, x_1 vorausgesetzt. Die Gleichungen (34), (35) und (36) gelten auch in diesem Falle.

Anders gestalten sich die Verhältnisse, wenn man dem Wasser im Behälter von außen, z. B. durch einen darin eingebauten Heizkörper, eine Wärmemenge Q kcal/h zuführt (Abb. 17). Die Wärmebilanz lautet jetzt für den Beharrungszustand

$$I_1 + \frac{Q}{L} + \frac{W}{L} t_W = I_2, \quad (37)$$

und die Wasserbilanz wieder

$$x_1 + \frac{W}{L} = x_2,$$

woraus folgt:

$$\frac{I_2 - I_1}{x_2 - x_1} = \frac{Q}{W} + t_W. \quad (38)$$

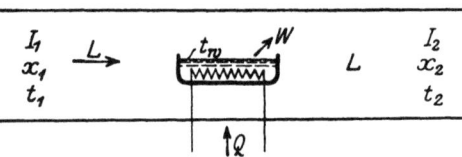

Abb. 17. Luftdurchströmter Kanal, enthaltend eine Wassermenge, der von außen Wärme zugeführt wird.

Die Beharrungswassertemperatur ist bei unveränderter Luftgeschwindigkeit höher als im Falle $Q=0$; sie nimmt mit Q zu, damit auch die Dampfspannungsdifferenz zwischen Frischluft und Wasser und die Verdampfung W/O. Für die Wassertemperatur ist also hier nicht nur der Zustand I_1, x_1 und die Luftgeschwindigkeit maßgebend, sondern auch Q. Wird der Siedepunkt des Wassers erreicht, so steigt die Wassertemperatur mit Q nicht mehr; der Teildruck der Luft an der Wasseroberfläche ist zu Null geworden und es liegt kein Verdunstungsvorgang mehr vor. Das für die Verdunstung maßgebende Erfahrungsgesetz, daß die verdunstete Wassermenge W/O proportional sei der Dampfspannungsdifferenz zwischen Frischluft und Wasser und ferner proportional der Quadratwurzel aus der Luftgeschwindigkeit über der Wasseroberfläche, gilt nicht mehr, wenn Q nun weiter vergrößert wird.

Bei Beharrungszuständen mit kleinen Werten Q wird $t_W < t_1$ sein; außer Q wird auch die durch Wärmeübergang von der Luft durch Wandungen und Wasseroberfläche eintretende Wärme zur Wasserverdampfung verwendet. Mit Q steigt auch die Wassertemperatur; der Wärmebeitrag aus der Luft nimmt ab; schließlich wird er zu Null, wobei dann Q den Wärmeverbrauch für die Verdampfung allein bestreitet. Bei weiterer Vergrößerung von Q steigt die Wassertemperatur weiter und die Luft nimmt Q teilweise durch Wärmeübergang, teilweise im erzeugten Wasserdampf auf.

Für manche Zwecke ist es wertvoll, den Richtungssinn der Änderung des spezifischen Volumens bzw. Gewichtes der Luft bei der Wasserdampfaufnahme zu kennen, also zu wissen, ob mit der Wasserdampfaufnahme eine Zu- oder eine Abnahme von v bzw. γ verbunden ist; hierüber kann folgendes ausgesagt werden:

Im Falle $Q=0$ kann I/x nach Gl. (36) Werte annehmen in den Grenzen 0° und 100° C; mit derartigen Zustandsänderungen ist stets eine Zunahme des spezifischen Gewichtes verbunden,

$$\gamma_2 > \gamma_1 \quad \text{und} \quad v_2 < v_1.$$

Im Falle $Q > 0$:

Ist $t_W = t_1$, so wird Q gänzlich zur Verdampfung aufgewendet und Gl. (37) kann auch geschrieben werden als

$$I_2 - I_1 = \frac{Wr}{L} + \frac{W}{L} t_W = \frac{W}{L}(r_W + t_W),$$

wenn r die Verdampfungswärme von 1 kg Wasser von der Temperatur t_W bedeutet. Mit Gl. (35) ergibt sich:

$$\frac{I_2 - I_1}{x_2 - x_1} = r + t_W = i_W;$$

da $i_W = 597$ für 0° und 640 kcal/kg für 100° C beträg, ist stets

$$\text{für } t_W = t_1, \quad \gamma_2 < \gamma_1;$$

das ist auch der Fall für $t_W > t_1$.

Befindet sich die Luft über der Wasseroberfläche in Ruhe (d. h. streicht sie nicht darüber hin), so entsteht, wenn $Q = 0$, eine Abwärtsbewegung der Luft nach der Wasseraufnahme, sofern die Anlage dies erlaubt (beim feuchten Thermometer ist dies möglich, bei horizontalem Wasserspiegel dagegen nicht). Wenn $Q > 0$, so tritt für $t_W \gtreqless t_1$ eine Aufwärtsbewegung der Luft nach der Wasserdampfaufnahme ein; für $t_W < t_1$ stellt sich bei kleinen Werten Q/W eine Abwärtsbewegung, bei großen Werten eine Aufwärtsbewegung ein; für $I_2 - I_1/x_2 - x_1 \approx 570$ ändert sich das spezifische Gewicht nicht; wohl aber tritt eine Vergrößerung des absoluten Volumens ein, denn, wie bereits bekannt, hat eine Zustandsänderung in der Richtung

$$I/x > \text{rd. 500 eine Volumenzunahme,}$$
$$I/x < \text{rd. 500 eine Volumenabnahme}$$

der Gewichtsmenge $1 + x$ zur Folge.

7. Luft- und wasserdurchströmter Kanal.

Es sollen jetzt die Vorgänge in einem wärmedichten Kanale, durch den Luft und Wasser strömen, untersucht werden; es bezeichne (Abb. 18)

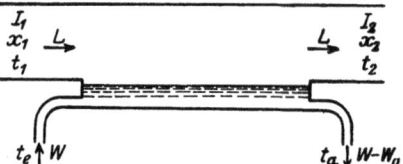

Abb. 18. Luft- und wasserdurchströmter Kanal.

W kg/h die stündlich durchfließende Wassermenge,
L kg/h die stündlich durchströmende, trokkene Luftmenge,
I_1, x_1 den Zustand der eintretenden Luft,
I_2, x_2 den Zustand der austretenden Luft,
t_e °C die Eintrittstemperatur des Wassers,
t_a °C die Austrittstemperatur des Wassers,
W_0 kg/h die von der Luft im Kanal aufgenommene oder abgegebene Wassermenge;

für $x_1 < x_2$ wird $W_0 > 0$, Wasseraufnahme, für $x_2 < x_1$ wird $W_0 < 0$, Wasserabgabe.

Die Wärmebilanz für den Vorgang lautet

$$LI_1 + Wt_e = LI_2 + (W - W_o)t_a$$

oder
$$L(I_2 - I_1) = W(t_e - t_a) + W_o t_a, \quad (39)$$

und die Wasserbilanz
$$W + Lx_1 = W - W_o + Lx_2$$

oder
$$W_o = L(x_2 - x_1). \quad (40)$$

Gl. (39) dividiert durch Gl. (40) ergibt

$$\frac{I_2 - I_1}{x_2 - x_1} = \frac{W(t_e - t_a) + W_o t_a}{W_o}$$

oder
$$\frac{I_2 - I_1}{x_2 - x_1} = \frac{W}{W_o}(t_e - t_a) + t_a. \quad (41)$$

Der Wärmeaustausch zwischen Luft und Wasser $L(I_2 - I_1)$ erfolgt teilweise durch Wasserverdampfung oder Niederschlag von Wasserdampf aus der Luft; bezeichnen wir die auf diese Weise übertragende Wärme mit q_d, den Rest der übertragenen Wärme mit q_t, so ist

$$L(I_2 - I_1) = q_d + q_t,$$

und Gl. (39) geht damit über in

$$q_d + q_t = W(t_e - t_a) + W_o t_a. \quad (42)$$

Setzen wir
$$q_d = W_o r, \quad (43)$$

wobei r die Verdampfungswärme bedeutet, so folgt aus Gl. (42)

$$q_t = W(t_e - t_a) + W_o t_a - W_o r;$$

diese Gleichung dividiert durch Gl. (43) ergibt

$$\frac{q_t}{q_d} = \frac{W(t_e - t_a)}{W_o r} + \frac{t_a}{r} - 1 = \frac{1}{r}\left\{\frac{W}{W_o}(t_e - t_a) + t_a\right\} - 1$$

und mit Gl. (41)
$$\frac{q_t}{q_d} = \frac{1}{r} \cdot \frac{I_2 - I_1}{x_2 - x_1} - 1. \quad (44)$$

Die Verdampfungswärme r ändert sich mit der Temperatur nur wenig, in dem für unsere Zwecke in Betracht fallenden Temperaturbereich 0° bis 100°C von 597 auf 540 kcal/kg; um uns ein Bild über den Verlauf der Beziehung zwischen $I_2 - I/x_2 - x_1$ bzw. I/x und q_t/q_d zu machen, setzen wir in Gl. (44) $r = 570$, entsprechend einer Wassertemperatur von rd. 45°C und ermitteln q_t/q_d für einige Werte I/x; in Abb. 19 und in nachstehender Zusammenstellung sind die Ergebnisse eingetragen.

Richtung der Zustandsänderung in Abb. 19	I/x	q_t/q_d	$q_d = f(q_t)$		Bedeutung für die Luft		
					q_d	q_t	
1 — 2	$+\infty$	$+\infty$	$q_d = 0, q_t > 0$				
1 — 3	$+ 1140$	$+ 1$	$q_d = q_t$			Wärmeaufnahme aus dem Wasser durch Wärmeübergang	$I_2 > I_1$
1 — 4	$+ 712$	$+\frac{1}{4}$	$q_d = 4q_t$				
1 — 5	$+ 570$	0	$q_d > 0, q_t = 0$	$x_2 > x_1$	Wärmeaufnahme aus dem Wasser durch Wasserverdampfung		
1 — 6	$+ 427$	$-\frac{1}{4}$	$q_d = -4q_t$				
1 — 7	0	$- 1$	$q_d = -q_t$			Wärmeabgabe an das Wasser durch Wärmeübergang	$I_2 < I_1$
1 — 8	$- 570$	$- 2$	$q_d = -2q_t$				
1 — 9	$-\infty$	$-\infty$	$q_d = 0, q_t < 0$		Wärmeabgabe an das Wasser durch Niederschlag von Wasserdampf		
1 — 10	$+ 1140$	$+ 1$	$-q_d = -q_t$	$x_2 < x_1$			
1 — 11	$+ 712$[1]	$+\frac{1}{4}$	$-q_d = -4q_t$				

[1] Zustandsänderungen mit weiter abnehmendem I/x sind praktisch nicht durchführbar

In Abb. 19 stellt der Mittelpunkt des stark gezeichneten Kreises den Anfangszustand (1) dar, von dem ausgehend die Richtungen der oben angeführten Zustandsänderungen, wie sie sich auf Grund der beiliegenden Ix-Tafel II ergeben, eingetragen sind. Von dem eben erwähnten Kreise radial nach auswärts ist die aus dem Wasser an die Luft übertragene Wärme, radial nach einwärts die aus der Luft an das Wasser abgegebene Wärme, zusammen $q_d + q_t$, eingetragen, wobei $q_t + q_d$ als konstant angenommen wurde; die Abbildung zeigt also nur das Verhältnis von q_d zu q_t, nicht aber ihre absoluten Werte.

Die nach oben gerichtete Zustandsänderung *1—2* gilt für Erwärmung der Luft bei $x =$ konst., demnach ist dort $q_d = 0$. Bei der Richtung *1—3*, mit $I/x = 1140$, ist $q_t = q_d$; die Wärmeaufnahme aus dem Wasser erfolgt also zur Hälfte durch Verdampfung, zur Hälfte durch Wärmeübertragung; bei der Richtung *1—4*, mit $I/x = 712$, zu $^4/_5$ durch Verdampfung und zu $^1/_5$ durch Wärmeübertragung, bei der Richtung *1—5* nur durch Verdampfung; bei der Richtung *1—6* wird Wärme aus der Luft auf das Wasser übertragen und zur Verdampfung verwendet; der Rest der zur Verdampfung nötigen Wärme entstammt dem Wasser; bei der Richtung *1—7* bestreitet die Luft die ganze zur Wasserverdampfung nötige Wärme; bei der Richtung *1—8* wird Wärme aus der Luft auf das Wasser über-

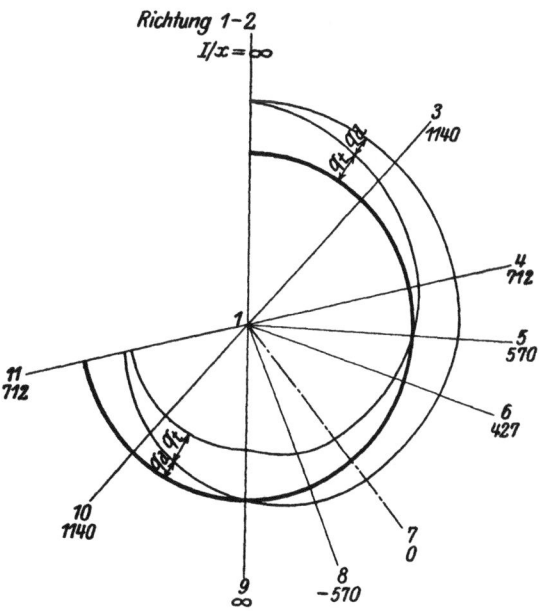

Abb. 19. q_t und q_d in Abhängigkeit von der Richtung I/x.

tragen; die Hälfte davon wird zur Wasserverdampfung verwendet; bei der Richtung *1—9* wird Wärme aus der Luft an das Wasser übertragen; Verdampfung findet nicht statt; bei der Richtung *1—10* wird die Wärme zur Hälfte durch Wärmeübertragung und zur Hälfte durch Niederschlag von Wasserdampf aus der Luft auf das Wasser übertragen; bei der Richtung *1—11* erfolgt die Wärmeabgabe aus der Luft zu $^4/_5$ durch Niederschlag und zu $^1/_5$ durch Wärmeübertragung.

Aus Gl. (23)
$$\frac{I_2 - I_1}{x_2 - x_1} = 597 + 0{,}46 t_2 + \frac{t_2 - t_1}{x_2 - x_1}(c_{Lp} + 0{,}46 x_1)$$

folgt, daß die Lufttemperatur sich nicht ändert ($t_1 = t_2 = t_L$), wenn

$$\frac{I_2 - I_1}{x_2 - x_1} = 597 + 0{,}46 t_L \quad \text{für} \quad t_L = \text{konst.;} \tag{45}$$

für größere Werte $I_2 - I_1/x_2 - x_1$ wird

$t_2 > t_1$, wenn $x_2 > x_1$ und
$t_2 < t_1$, wenn $x_2 < x_1$;

für kleinere Werte I_2-I_1/x_2-x_1 wird

$$t_2 < t_1, \quad \text{wenn} \quad x_2 > x_1;$$

für Werte $I_2-I_1/x_2-x_1 = \infty$ ist $x_2-x_1 = 0$ und

$$t_2 > t_1, \quad \text{wenn} \quad I_2 > I_1,$$
$$t_2 < t_1, \quad \text{wenn} \quad I_2 < I_1.$$

Der Randmaßstab und die Geraden $t =$ konst. der Ix-Tafel lassen den Richtungssinn der Temperaturänderung für beliebige Werte der Richtung I/x leicht feststellen.

Um den Richtungssinn der Temperaturänderung des Wassers $t_e - t_a$ zu ermitteln, greifen wir zurück auf Gl. (39) und (40), woraus folgt

$$I_2 - I_1 = \frac{W}{L}(t_e - t_a) + (x_2 - x_1)t_a; \qquad (46)$$

setzen wir $t_e = t_a = t_W$, so erhalten wir aus Gl. (46)

$$\frac{I_2 - I_1}{x_2 - x_1} = t_W;$$

diese Richtung I/x weicht nur wenig von $I/x = 0$ ab, da nur Wassertemperaturen von 0° bis 100° C in Betracht kommen; in diesen Richtungen sind nur Zustandsänderungen mit $x_2 > x_1$ möglich; $I/x = t_W$ ist daher eindeutig bestimmt. Hier ist nun $q_d = -q_t$ und in Abb. 19 und der dortigen Zusammenstellung hat an Stelle der Zustandsänderung 1—7 mit $I/x = 0$ eine solche mit $I/x = t_W$ zu treten; diese Unstimmigkeit in Abb. 19 und Zusammenstellung rührt davon her, daß wir dort eine mit der Wassertemperatur unveränderliche Verdampfungswärme r voraussetzen. Bei dieser Gelegenheit sei erwähnt, daß Gl. (44)

$$\frac{q_t}{q_d} = \frac{1}{r}\frac{I_2 - I_1}{x_2 - x_1} - 1$$

genau gültig ist für den im vorigen Abschnitt behandelten Fall einer in einem luftdurchströmten Kanal befindlichen Wassermenge, wobei r die Verdampfungswärme entsprechend der Beharrungstemperatur des Wassers bedeutet.

Wir bestimmen jetzt den Richtungssinn der Temperaturänderung $t_e - t_a$ für den Fall $I_2 = I_1$, wobei wieder nur $x_2 > x_1$ in Betracht kommt; Gl. (46) geht jetzt über in

$$0 = \frac{W}{L}(t_e - t_a) + (x_2 - x_1)t_a; \qquad (47)$$

für $t_a > 0°$ wird

$$(x_2 - x_1)t_a > 0,$$

und es muß demnach $t_a > t_e$ sein.

Für $x_2 = x_1$ folgt aus Gl. (46)

$$I_2 - I_1 = \frac{W}{L}(t_e - t_a); \qquad (48)$$

wenn also $\quad I_2 > I_1, \quad$ so ist $\quad t_e > t_a,$
und wenn $\quad I_2 < I_1, \quad$ so ist $\quad t_e < t_a.$

Im übrigen geht aus Abb. 19 hervor, daß im Sektor 1—2—1—7 (wobei 1—7 die Richtung $I/x = t_W$ bedeutet) $t_e > t_a$ und im Sektor 1—7—1—11 $t_e < t_a$ sein muß.

8. Kontinuierliche Wasserrückkühlung durch Luft.[1]

In kontinuierlichen Wasserrückkühlanlagen werden Kühlwässer von Kondensationsanlagen, Maschinen usw., nachdem sie Wärme aufgenommen haben, vermittels Luft zurückgekühlt, um erneut wieder verwendet zu werden. Das Wasser läuft in diesen Anlagen zwischen der Wärmeaufnahmestelle und der Rückkühlanlage im Kreislauf um und führt so ständig die darauf übertragene Wärme an die Luft ab. In der Rückkühlanlage verdampft ein kleiner Teil des Wassers und geht an die Luft über; diese Menge ist daher fortlaufend durch Frischwasser zu ersetzen (Zusatzwasser), falls die umlaufende Menge gleichbleiben soll.

Abb. 20 veranschaulicht schematisch eine Kaminkühleranlage, die im Prinzip eine Austauschvorrichtung nach Abb. 18 darstellt, bei der die Luftbewegung durch einen Kaminaufbau erzielt wird.

Die dem Kühler zufließende Wassermenge W kg/h von der Temperatur t_e °C werde im Rieseleinbau durch Berührung mit der dagegen strömenden Luft auf die Temperatur t_a °C gekühlt, wobei eine Wassermenge W_0 kg/h verdampft und von der Luft fortgeführt werde; die Temperatur der Zusatzwassermenge W_0 sei t_0 °C, die auf die Wassermenge W übertragene Wärmemenge Q kcal/h

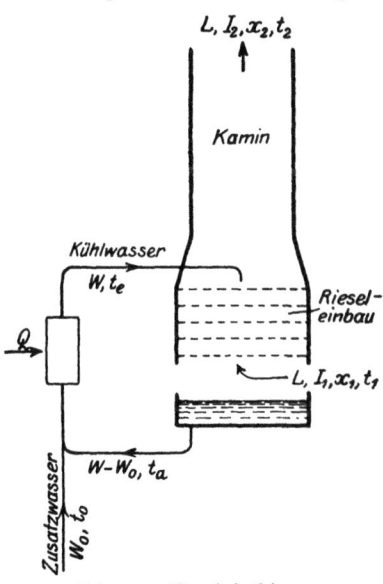

Abb. 20. Kaminkühler.

der Zustand der Frischluft I_1, x_1, t_1 und der der Abluft I_2, x_2, t_2. Die Wärmebilanz der Anlage lautet, wenn man mit L kg/h die trockene, durch den Kühler strömende Luftmenge bezeichnet:

$$L(I_2 - I_1) = Q + W_0 t_0, \qquad (49)$$

wobei $\qquad Q = W t_e - [W_0 t_0 + (W - W_0) t_a],$

oder $\qquad Q = W(t_e - t_a) + W_0(t_a - t_0). \qquad (50)$

Gl. (50) in (49) verwendet, ergibt

$$L(I_2 - I_1) = W(t_e - t_a) + W_0 t_a. \qquad (51)$$

Die Wasserbilanz ist

$$L(x_2 - x_1) = W_0; \qquad (52)$$

Gl. (51) dividiert durch Gl. (52)

$$\frac{I_2 - I_1}{x_2 - x_1} = \frac{W}{W_0}(t_e - t_a) + t_a. \qquad (53)$$

Diese Gleichung stimmt mit der früheren Gl. (41) überein, ferner (51) mit (39) und (52) mit (40); die dort gegebenen Erörterungen über die Wärmeübertragung durch q_t und q_d gelten auch hier.

---

[1] Mollier: s. Vorwort.

Aus Gl. (50) und (53) folgt noch

$$\frac{I_2 - I_1}{x_2 - x_1} = \frac{Q}{W_o} = t_o,$$

oder
$$W_o = \frac{Q}{\dfrac{I_2 - I_1}{x_2 - x_1} - t_o}. \tag{54}$$

Gl. (54) gibt die Zusatzwassermenge aus der Richtung I/x der Zustandsänderung 1—2 der Kühlluft, der abzuführenden Wärme Q und der Temperatur des Zusatzwassers t_o.

Es sollen nun die an Kaminkühlern erzielten Versuchsergebnisse an Hand obiger Gleichungen einer Betrachtung unterzogen werden. Wir setzen dabei den Zustand der Frischluft I_1, x_1 als veränderlich, entsprechend den atmosphärischen Verhältnissen, die Größen W und Q vorerst als konstant voraus.

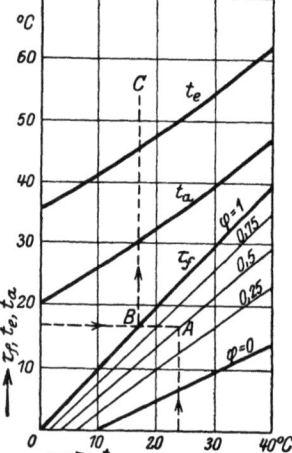

Abb. 21. Kühlkurventafel für $Q=$konst. und $W=$konst.

Die bisherigen Erfahrungen mit Kaminkühlern lassen darauf schließen, daß die Kühlgrenze τ_f der Frischluft für die Kühlwirkung insofern maßgebend ist, daß mit verschiedenen Frischluftzuständen gleicher Kühlgrenze unter sonst gleichen Verhältnissen (Q, W, t_o) gleiche Wassertemperatur t_a und damit auch gleiche t_e erreicht wird[1]). Man pflegt in der Praxis für Rückkühlanlagen Kühlkurventafeln herzustellen, in denen man die Werte t_e und t_a in Abhängigkeit von τ_f darstellt. Vielfach wird dabei die τ_f-Achse um 45° statt um 90° gegen die Achse für t_e und t_a geneigt (Abb. 21), ursprünglich wohl deshalb, weil sich dann unterhalb der τ_f-Achse noch eine zeichnerische Tafel zur Bestimmung der relativen Feuchte der Atmosphäre aus Ablesungen am Psychrometer eintragen läßt;
die Ix-Tafel ermöglicht, nebenbei bemerkt, deren Herstellung in einfacher Weise; die relative Feuchtigkeit einer Atmosphäre findet sich dort aus den beiden Ablesungen am Psychrometer, t und τ_f indem man die Ordinate durch t mit einer Parallelen zur t-Achse durch τ_f zum Schnitt bringt (A); die Ordinate BC schneidet auf den Kühlkurven die zu τ_f gehörigen Werte t_a und t_e heraus. Der Abstand der beiden Kühlkurven $t_a - t_e$ ist konstant und wird als Kühlzone bezeichnet. Der Abstand $t_a - \tau_f$ dagegen ist nicht konstant, sondern nimmt mit wachsendem τ_f ab aus Gründen, die wir später noch kennenlernen werden.

Vorerst sollen die durch Vergrößern von Q und W bewirkten Veränderungen der Kühlkurven besprochen werden. Es seien in Abb. 22 die beiden mit t_e und t_a bezeichneten Kühlkurven einer Wärmemenge Q zugehörig. Einem größeren Werte Q' ($Q' > Q$) entsprechen bei Beibehaltung von W zwei neue Kühlkurven t'_e und t'_a, über deren Abstand mit Hilfe von Gl. (50) unter Vernachlässigung des kleinen Gliedes $W_o(t_a - t_o)$ folgendes ausgesagt werden kann:

$$\frac{t'_e - t'_a}{t_e - t_a} \approx \frac{Q'}{Q}.$$

Die Kühlzone erfährt also eine Verbreiterung; zugleich verschiebt sie sich nach oben in der in Abb. 22 angedeuteten Weise, so daß für alle Ordinaten gilt

$$t'_a - \tau_f > t_a - \tau_f.$$

---

[1]) Mueller: Z. V. d. I. 1905, S. 5ff. — Geibel: Forsch.-Heft Nr. 242 d. V. d. I. 1921.

Behalten wir nun Q' bei, steigern aber W auf W', so daß

$$\frac{W'}{W} \approx \frac{Q'}{Q}$$

und bezeichnen die jetzigen Kühlkurven mit t_e'' und t_a'', so wird

$$t_e'' - t_a'' = t_e - t_a;$$

die Erfahrung zeigt nun (Abb. 22)

$$t_a'' - \tau_f > t_a' - \tau_f > t_a - \tau_f$$

gültig für alle Ordinaten.

Diese Erfahrungstatsachen finden in folgendem ihre Begründung: Bei der Steigerung von Q auf Q' und W auf W' unter Beibehaltung von $t_e - t_a$ wäre bei gleichbleibendem Frisch- und Abluftzustand nach Gl. (49) eine Luftmenge $L' \approx LW'/W$ zur Wärmeabfuhr nötig; da aber der Zug im Kaminkühler und damit die durchstreichende Luftmenge durch den Zustand von Frisch- und Abluft bedingt sind, ist eine Vergrößerung der Luftmenge bei unverändertem Abluftzustand nicht möglich. Die beiden Wassertemperaturen verschieben sich daher nach oben, wobei auch die Ablufttemperatur, der Zug und die Luftmenge zunehmen, bis diese zur Abfuhr von Q' ausreicht; dabei ist noch zu berücksichtigen, daß eine Vermehrung der Regenhöhe (stündlich auf 1 m² Rieselquerschnitt entfallende Wassermenge in m³/m², d. h. in m oder mm) auch eine Vermehrung des Widerstandes gegen die Luftströmung zur Folge hat, die gleichfalls durch vermehrten Zug, also Erhöhung der Ablufttemperatur und damit Verschiebung der Kühlzone nach oben überwunden werden muß. Die Verminderung

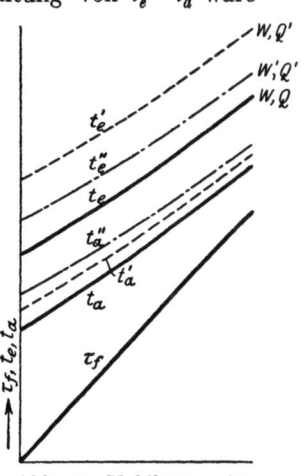

Abb. 22. Kühlkurven für zwei Werte Q und W.

von W' auf W unter Beibehaltung von Q' hat dann Abnahme des Widerstandes und mit der Zunahme der Temperatur t_e'' auf t_e' Steigerung der Luftgeschwindigkeit im Rieseleinbau zur Folge, was sich in einer Abnahme des Abstandes $t_a'' - \tau_f$ auf $t_a' - \tau_f$ äußert; der Anfangswert $t_a - \tau_f$ wird jedoch nicht wieder erreicht.

Die aus Kaminkühlern austretende Luft erweist sich erfahrungsgemäß bei normalen Betriebsverhältnissen (Q, W) als nahezu oder vollkommen gesättigt, während ihre Temperatur sich der des eintretenden Wassers mehr oder weniger nähert; ist die eintretende Luft bereits gesättigt, wie dies in Abb. 23 vorausgesetzt ist, so erfolgt die Zustandsänderung längs der Sättigungskurve. Die Werte I/x für einen winterlichen Frischluftzustand, etwa 0°, und einen sommerlichen, etwa 25°, weichen voneinander ab; ist bei Frischluft von 0° $I/x \approx 950$, so wird bei Frischluft von 25° $I/x \approx 750$ sein, gleiche Werte W und Q vorausgesetzt (Abb. 23). Aus Gl. (44)

$$\frac{q_t}{q_d} = \frac{\frac{I_2 - I_1}{x_2 - x_1}}{r} - 1$$

folgt mit $r = 570$

für $I/x = 950$: $\quad \dfrac{q_t}{q_d} = \dfrac{950}{570} - 1 = 0,67 \quad$ d. h. $\quad q_d \approx 1,5 q_t$,

für $I/x = 750$: $\quad \dfrac{q_t}{q_d} = \dfrac{750}{570} - 1 = 0,315 \quad$ d. h. $\quad q_d \approx 3,17 q_t$.

Der Anteil der durch Verdampfung übertragenen Wärme ist im Sommer bedeutend größer als im Winter; da gemäß den Kühlkurventafeln (Abb. 21) der Abstand $t_a - \tau_f$ im Sommer kleiner ist als im Winter, so folgt, daß zur Wärmeabgabe durch Verdampfung kleinere Temperaturdifferenzen zwischen Wasser und Luft genügen als zum Wärmeübergang ohne Verdampfung. Dabei ist noch zu berücksichtigen, daß die durch den Kühler strömende Luftmenge erfahrungsgemäß im Winter etwas größer ist als im Sommer, eine Erscheinung, welche an und für sich eine Verkleinerung von $t_a - \tau_f$ zur Folge haben müßte; wären die Luftmengen im Winter und im Sommer gleich

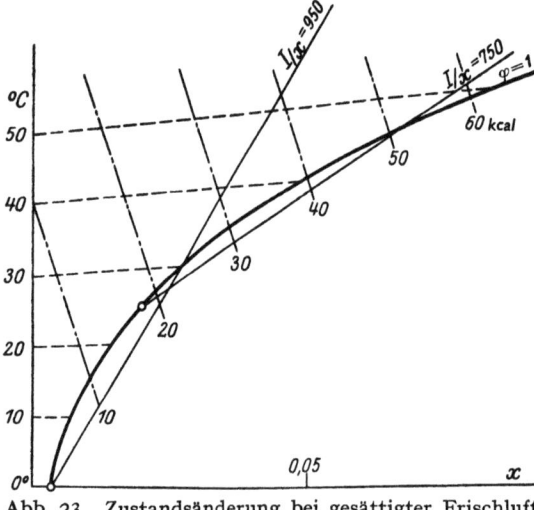

Abb. 23. Zustandsänderung bei gesättigter Frischluft im Winter und im Sommer.

groß, so würde der Unterschied der sommerlichen und winterlichen Werte $t_a - \tau_f$ noch größer werden.

Nun ist aber die Frischluft im Sommer meistens nicht gesättigt; für zwei sommerliche Frischluftzustände 1 und 1' (Abb. 24) gleichen Wärmeinhaltes I (also auch annähernd gleicher Kühlgrenze), mit voller und halber Sättigung werden bei unveränderlichen Werten Q und W die gleichen Wassertemperaturen t_e und t_a erzielt (Abb. 21). Frischluft vom Zustand 1' ergibt aber einen niedrigeren Wert I/x als solche vom Zustande 1 (Abb. 24), was bei gleichen Luftmengen eine Verkleinerung von $t_a - \tau_f$, also

$$t'_a - \tau_f < t_a - \tau_f$$

zur Folge haben müßte. Dies tritt jedoch nicht ein, sondern es ist erfahrungsgemäß

$$t'_a - \tau_f \approx t_a - \tau_f;$$

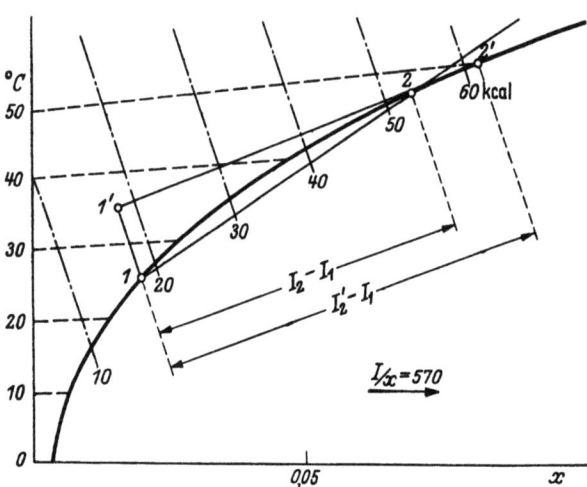

Abb. 24. Zustandsänderung im Sommer bei gesättigter und halbgesättigter Frischluft.

daher muß $L' < L$ und nach Gl. (49) unter Vernachlässigung des kleinen Gliedes $W_o t_o$

$$I'_2 - I_1 > I_2 - I_1$$

sein. Die durch die Abnahme der Luftmenge von L auf L' an und für sich bedingte Vergrößerung des Abstandes $t_a - \tau_f$ wird wettgemacht durch die Verkleinerung des Wertes q_t/q_d, also durch Vergrößerung des durch Wasserverdampfung vollzogenen Anteiles des Wärmeaustausches.

Der Wert I_2-I_1/x_2-x_1 nimmt bei Kaminkühlern Werte etwa innerhalb der Grenzen 600 und 2000 an; Gl. (53)

$$\frac{I_2-I_1}{x_2-x_1}=\frac{W}{W_o}(t_e-t_a)+t_a$$

ergibt für W_o/W unter Vernachlässigung des kleinen Gliedes t_a

$$\frac{W_o}{W}\approx\frac{t_e-t_a}{\dfrac{I_2-I_1}{x_2-x_1}}, \tag{55}$$

also mit $\quad I_2-I_1/x_2-x_1=600 \quad\quad W_o/W\approx 0{,}0017\,(t_e-t_a)$
und mit $\quad\quad\quad\quad\quad\quad\quad\quad 2000 \quad\quad\quad\quad\quad 0{,}0005\,(t_e-t_a).$

Die neueren Bestrebungen im Kaminkühlerbau gehen darauf aus, den Widerstand der Rieseleinbauten zu vermindern, um dadurch vermehrten Luftwechsel zu erzielen, ferner die der Luft dargebotene Wasseroberfläche zu vergrößern und den Platzbedarf zu vermindern.

Ähnlich verhalten sich Rieselkühler ohne Kaminaufsatz, sog. Gradierwerke; an Stelle der Aufwärtsbewegung der Luft durch Auftrieb tritt hier vielfach der natürliche, annähernd waagerechte Luftzug, der Wind. Der Luftwechsel ist daher, sofern nicht starker Wind herrscht, gering und der Abstand $t_a-\tau_f$ wird größer als bei Kaminkühlern. Doch genügen diese Gradierwerke für viele Zwecke dann, wenn die Temperatur des rückgekühlten Wassers nicht möglichst tief sein soll und lediglich eine gewisse Wärmemenge an die Luft abzuführen ist.

An die Stelle des selbsttätigen Luftwechsels in Kaminkühlern und Gradierwerken kann künstliche Belüftung der Rieseleinrichtung durch Ventilatoren treten. Mit solchen **Ventilatorkühlern** lassen sich noch etwas geringere Abstände $t_a-\tau_f$ erreichen als mit Kaminkühlern. Die Gleichungen (49) bis (55) gelten auch für Ventilatorkühler; aus (51) und (52) ergibt sich der Luftbedarf

$$L=\frac{W(t_e-t_a)}{I_2-I_1-(x_2-x_1)t_a}; \tag{56}$$

da $(x_2-x_1)t_a$ klein ist gegenüber I_2-I_1 und ferner $Q\approx W(t_e-t_a)$ ist, können wir für nachfolgende Betrachtung genügend genau setzen

$$L\approx\frac{Q}{I_2-I_1}. \tag{57}$$

In Abb. 25 sei B der sommerliche Frischluftzustand, C der Abluftzustand eines Kaminkühlers; wir denken uns die Luftmenge L bei unveränderten Werten W und Q durch Anwendung eines Ventilators etwa verdoppelt; es wird dann nach Gl. (57)

$$I_D-I_B\approx 0{,}5\,(I_C-I_B).$$

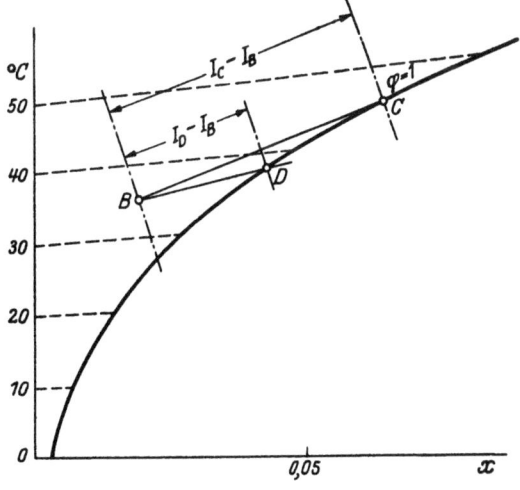

Abb. 25. Verdoppelung der Luftmenge im Sommer bei $W=$ konst. und $Q=$ konst.

Die Abluft D ist niedriger temperiert als C; die Kühlzone t_e-t_a wird daher bei der Verdoppelung der Luftmenge nachrücken und somit $t_a-\tau_f$ kleiner sein als es ursprünglich war. Der Wert $I_2 - I_1/x_2 - x_1$ erfuhr eine Abnahme; damit nahm q_d auf Kosten von q_t etwas zu, was neben der erhöhten Luftmenge noch beiträgt, den Abstand $t_a - \tau_f$ zu verkleinern. Abb. 26 zeigt die Wirkung der Verdoppelung der Luftmenge bei winterlichem Frischluftzustand; auch hier wird $t_a - \tau_f$ eine Verkleinerung erfahren, q_t auf Kosten von q_d jedoch etwas zunehmen, was auf $t_a - \tau_f$ vergrößernd wirkt. Ähnliche Verhältnisse ergeben sich auch im Sommer, wenn die Frischluft annähernd oder gänzlich gesättigt ist.

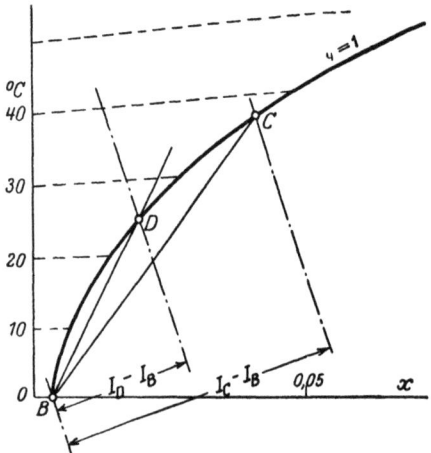

Abb. 26. Verdoppelung der Luftmenge im Winter bei $W =$ konst. und $Q =$ konst.

Mit der Verdoppelung der Luftmenge wird aber der Widerstand, den der Rieseleinbau der Luft entgegensetzt, etwa vervierfacht; der zu dessen Überwindung aufzuwendende Kraftverbrauch des Ventilators macht meistens den durch Tieferlegen der Kühlzone erzielbaren Gewinn (z. B. an Dampfverbrauch) bei Dampfturbinen mit Kondensationsanlage) wieder zunichte, so daß durch Übergang vom Kaminkühler zum Ventilatorkühler keine Verbesserung erreicht wird.

Wohl aber wird Ventilatorrückkühlung angewendet, wenn Platz- oder Raummangel die Benutzung von Kaminkühlern und Gradierwerken verbietet, wie dies z. B. bei fahrbaren Anlagen (Lokomotiven mit Kondensation) der Fall ist.

9. Erwärmung und Abkühlung von Luft.

Die Erwärmung oder Abkühlung der Luft kann an Heiz- bzw. Kühlkörpern erfolgen; die Zustandsänderung geht dann bei $x =$ konst. vor sich, in der Ix-Tafel auf einer zur x-Achse senkrechten Geraden. Wird die Abkühlung bis unter den Taupunkt der Luft getrieben, so erfolgt die Zustandsänderung vom Taupunkt an längs dem absteigenden Ast der Sättigungskurve, womit dann eine Verminderung von x verbunden ist.

Die einer Gemischmenge $A = L(1 + x_1)$ kg feuchter Luft zu entziehende oder zuzuführende Wärmemenge Q ist, wenn I_1, x_1 den Anfangs- und I_2, x_2 den Endzustand bezeichnet:
$$Q = L(I_2 - I_1);$$
bei Abkühlung unter den Taupunkt beträgt die Niederschlagsmenge
$$W = L(x_1 - x_2) \text{ kg}.$$

Temperaturänderung von Luft kann auch durch Zumischen von Zusatzluft bewirkt werden; wir wissen bereits, daß aus 2 Luftmengen
$$A_1 = L_1(1 + x_1) \quad \text{und} \quad A_2 = L_2(1 + x_2)$$
ein Mischzustand erhalten wird, der in der Ix-Tafel auf der Verbindungsgeraden der beiden Zustände I_1, x_1 und I_2, x_2 liegt; seine dortige Lage bestimmt sich aus
$$I_M = \frac{I_1 + nI_2}{1 + n}, \quad \text{oder aus} \quad x_M = \frac{x_1 + nx_2}{1 + n}, \quad \text{wenn} \quad n = \frac{L_2}{L_1};$$
ferner ist $A_M = A_1 + A_2$ und $L_M = L_1 + L_2$.

Ferner kann die Temperatur von Luft dadurch geändert werden, daß man ihr Wasser oder Wasserdampf beimischt; der Zustand der Luft ändert sich dabei in der Ix-Tafel in der Richtung $I/x = i_W$, wo i_W den Wärmeinhalt von 1 kg des beizumischenden Wassers oder Dampfes bedeutet; für Wasser ergibt sich dabei eine Abkühlung, für Dampf eine Erwärmung der Luft. Beträgt die ursprüngliche Luftmenge $A_1 = L(1 + x_1)$ und die zugemischte Wasser- oder Dampfmenge W kg, so findet sich der Endzustand I_2, x_2 aus dem Anfangszustand I_1, x_1

$$I_2 = I_1 + \frac{W}{L} i_W \quad \text{und} \quad x_2 = x_1 + \frac{W}{L}.$$

Eine weitere Möglichkeit der Temperaturänderung von Luft bieten Austauschvorrichtungen, in denen fließendes Wasser mit strömender Luft in Berührung gebracht wird; hierfür gelten die an Hand von Abb. 18 aufgestellten Gleichungen. Die Luft wird in Riesel- oder Regeneinrichtungen mit dem Wasser innig vermischt und dadurch gleichzeitig gewaschen.

10. Befeuchtung von Luft.

Unter Befeuchtung von Luft vrestehen wir Vermehrung der auf 1 kg trockene Luft entfallenden Dampfmenge x; Vermehrung der relativen Feuchte durch Temperaturerniedrigung bei $x =$ konst. ist demnach keine Befeuchtung in unserem Sinne.

In industriellen Betriebsräumen, z. B. der Textilindustrie, ist oft eine bestimmte hohe Feuchte der Luft Bedingung, da die Fabrikationsverfahren nur in solcher Luft durchgeführt die gewünschten Ergebnisse zeitigen. Ist die Feuchte der in den Raum eintretenden Luft zu gering oder wird beim Fabrikationsprozesse Feuchte aus der Luft absorbiert, so kann der wünschbare Feuchtegehalt der Luft durch Zufuhr von Wasserdampf oder Wasser zur Luft hergestellt werden.

Beimischen von Wasser oder Wasserdampf mit dem Wärmeinhalt i_W für 1 kg ergibt eine Zustandsänderung der Luft, die in der Ix-Tafel vom Anfangszustande in der Richtung $I/x = i_W$ verläuft; dies erlaubt mit der Ix-Tafel sofort die Maßnahmen zu erkennen, die nötig sind, um Luft vom Zustande I_1, x_1 in einen solchen I_2, x_2, wobei $x_2 > x_1$, überzuführen, Abb. 27: Man zieht vom Zustande 2 aus die Richtungsgerade $I/x = i_W$ und ferner die Gerade $x_1 =$ konst.; in ihrem Schnittpunkte finden wir den Zwischenzustand I', x' und erkennen nun die Maßnahmen:

Wenn $I_1' > I_1$ (wie in Abb. 27), so ist der Luftmenge $1 + x_1$ die Wärmemenge $I_1' - I$ durch Heizkörper zuzuführen,

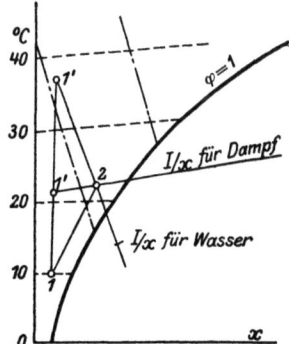

Abb. 27. Befeuchtung durch Wärme und Wasser- oder Dampfzufuhr.

wenn $I_1' < I_1$, so wären $I_1 - I_1'$ kcal durch Kühlkörper abzuführen,
und ferner in beiden Fällen $x_2 - x_1$ kg Wasser bzw. Wasserdampf zuzumischen.

Die Wärme- und Wasserzufuhr brauchen nicht je auf einmal zu erfolgen; sie können in Teilen, abwechslungsweise, wie in Abb. 28 gestrichelt angedeutet, oder auch gleichzeitig (Abb. 28 strichpunktiert) geschehen.

Soll also der einem Betriebsraume zuzuführenden Luftmenge $A = L(1+x_1)$ kg/h vom Zustande I_1, x_1 in den Zustand I_2, x_2, wobei $x_2 > x_1$, übergeführt werden, so ist die nötige Wasser- bzw. Dampfmenge

$$W = L(x_2-x_1) \text{ kg/h};$$

die nötige Wärmemenge Q kcal/h folgt aus der Gleichung

$$LI_1 + Q + Wi_W = LI_2$$

zu $\qquad Q = L(I_2-I_1) - Wi_W;$

dabei bedeutet $Q > 0$ Wärmezufuhr, $Q < 0$ Wärmeentziehung.

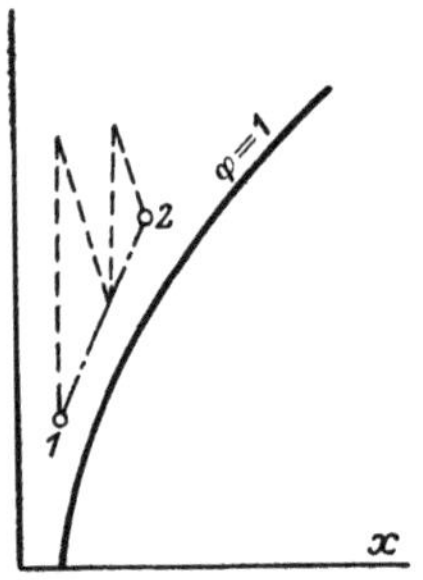

Abb. 28. Befeuchtung mit abwechslungsweiser (– – –) und mit gleichzeitiger (–·–·–) Wärme- und Wasserzufuhr.

Wenn Luft in einem Raume unter Beibehaltung der Temperatur durch Zumischen von Wasser befeuchtet werden soll, so ist außer dem Wasser auch Wärme zuzuführen, denn Wasserzufuhr allein ergibt eine Zustandsänderung mit $I/x = t_W$, wo t_W die Wassertemperatur in °C bezeichnet; mit dieser Zustandsänderung ist aber eine Abkühlung der Luft verbunden. Wird der Luft dagegen Wasserdampf z. B. aus einer Dampfheizung zugesetzt, so ist $I/x = i_W$ und es tritt eine geringe Erwärmung der Luft ein, ohne daß weitere Wärme zugeleitet wird. Mit dem Beimischen von Wasserdampf soll jedoch das Auftreten eines unangenehmen Geruches verbunden sein, vermutlich herrührend von den zur Wasserenthärtung verwendeten Mitteln.

11. Nebel, Entfeuchtung, Entnebelung.

Nebelige Luft enthält kleine, schwebende Wassertröpfchen. Gesättigte Luft ist durchsichtig, enthält keine Nebeltröpfchen, da solche nur in übersättigter Luft bestehen können. Die Zustände übersättigter Luft liegen in der Ix-Tafel außerhalb der Sättigungskurve, z. B. A in Abb. 29; die relative Feuchte im Zustande A ist

$$\varphi_A = \frac{h_{WA}}{h_{WAS}} > 1.$$

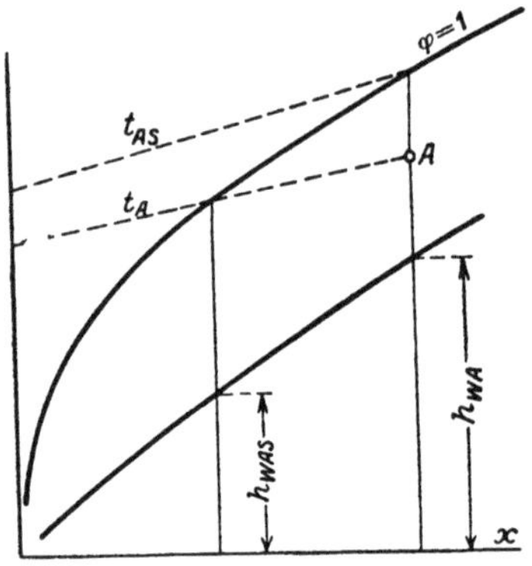

Der Wasserdampf in A ist unterkühlt, da seine Temperatur t_A niedriger ist als die zu h_{WA} gehörige Sattdampftemperatur t_{AS}. Hohe Übersättigung mit einem mehrfachen h_{WS} kommt vor bei der Expansion von Wasserdampf in Düsen; die in der Luft bei Nebel vorhandene Übersättigung dagegen ist sehr gering, so daß wir als Grenze für das Auftreten von Nebel den Sättigungszustand annehmen können.

Abb. 29. Übersättigte Luft.

Nebel ist der Anfang von Wasserniederschlag aus der Luft und tritt ein, wenn Luft über die Sättigungsgrenze hinaus gekühlt wird. Ferner kann Nebelbildung beim Mischen zweier Luftmengen eintreten, nämlich dann, wenn die Verbindungsgerade der beiden Luftzustände in der Ix-Tafel die Sättigungskurve schneidet und der Mischzustand außerhalb der Sättigungskurve zu liegen kommt, $1, 2, M$ in Abb. 30. Luft vom Zustande 2 könnte also nicht dadurch entfeuchtet werden, daß ihr kalte Luft beigemischt wird; es müßte ihr vielmehr warme

Nebel, Entfeuchtung, Entnebelung.

Luft, etwa vom Zustande 3, beigemengt werden, wodurch ein Mischzustand M' von geringerer Feuchtigkeit erzielt würde.

In Betriebsräumen, in welchen Wasser der Luft ausgesetzt ist oder Wasser in offenen Behältern siedet, geht durch Verdunstung, oder bei siedendem Wasser durch der Wärmezufuhr entsprechende Verdampfung, Wasser in Dampfform an die Luft über; es ist dann dafür zu sorgen, daß dieses Wasser fortlaufend aus dem Raume entfernt wird, ansonst Nebelbildung und Wasserniederschlag eintreten werden; der Raum muß entfeuchtet, entnebelt werden. In vielen Fällen genügt hierzu der an und für sich im Raume vorhandene Luftwechsel; ist dies

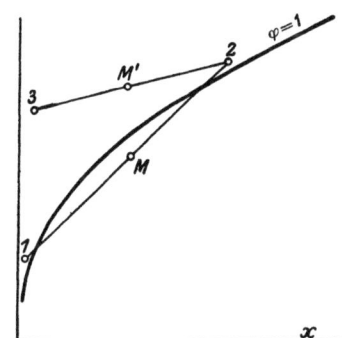

Abb. 30. Mischung zweier Luftmengen mit Nebelbildung.

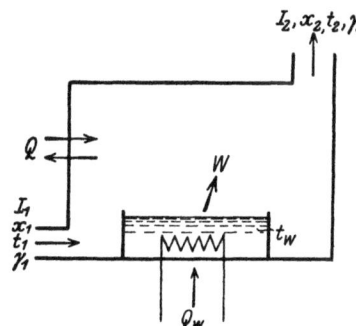

Abb. 31. Entnebelung eines Raumes.

nicht der Fall, so sind geeignete Maßnahmen zu treffen, welche die Abfuhr des Wassers sicherstellen. Abb. 31 veranschaulicht einen Raum, in dem offene Behälter enthalten seien, die Wasser oder wasserhaltige Substanz enthalten.

Es seien:

I_1, t_1, x_1 die Zustandsgrößen der eintretenden Luft,
γ_1 kg/m³   das spezifische Gewicht dieser Luft,
I_2, t_2, x_2, γ_2 die entsprechenden Werte der Abluft,
L kg/h   die den Raum durchströmende trockene Luftmenge,
W kg/h   die aus dem Wasser an die Luft übergehende Wassermenge,
t_W °C   die Temperatur des Wassers,
Q_W kcal/h   die den Wasserbehälter zugeführte Wärmemenge,
Q kcal/h   durch die Raumwandungen ein- oder austretende Wärmemenge.

Die Wärmebilanz lautet:
$$LI_1 + Q + Q_W + W t_W = LI_2,$$
wobei $Q > 0$ Wärmezutritt, $Q < 0$ Wärmeaustritt bedeutet,

oder $\qquad L(I_2 - I_1) = Q + Q_W + W t_W;\qquad$ (58)

die Wasserbilanz ist $\qquad L(x_2 - x_1) = W;\qquad$ (59)

durch Division von Gl. (58) durch (59) entsteht

$$\frac{I_2 - I_1}{x_2 - x_1} = \frac{Q}{W} + \frac{Q_W}{W} + t_W. \qquad (60)$$

Meistens wird hier $t_2 > t_1$ werden und somit $\gamma_2 < \gamma_1$ sein; die Luft steigt daher im Raume auf und der Frischluftzutritt wäre nach unten, der Abluftaustritt nach oben zu verlegen, wie in Abb. 31 angedeutet.

Bei der Berechnung einer solchen Anlage wäre wie folgt vorzugehen: Die Wassertemperatur t_W ist durch den Betrieb vorgeschrieben, Q_W/W ist zu berechnen auf Grund von Erfahrungen, wobei W nach den Verdunstungsgesetzen zu ermitteln ist, wenn das Wasser in den Behältern nicht siedet, dagegen aus Q_W, wenn die Flüssigkeit siedet (Q_W = Verdampfungswärme/kg Wasser $\cdot W$ zuzüglich Wärmeabgabe durch Wärmeübergang); in beiden Fällen ist Q_W die den Wassergefäßen insgesamt zugeführte Wärme; Q ist zu errechnen auf Grund der Gesetze des Wärmedurchganges, wobei die Raumtemperatur gleich t_1 zu setzen ist; Q wird im Sommer und Winter verschiedene Werte annehmen, im Winter meistens negativ (Wärmeaustritt), im Sommer dagegen oft positiv (Wärmeeintritt) ausfallen. Mit diesen Werten kann $I_2 - I_1/x_2 - x_1$ nach Gl. (60) bestimmt werden, und zwar einmal für sommerliche, einmal für winterliche Außentemperatur. Nun trägt man den Zustand I_1, x_1 entsprechend sommerlicher feuchter Frischluft in die Ix-Tafel ein und

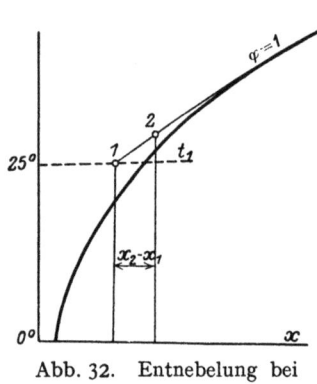

Abb. 32. Entnebelung bei sommerlicher Frischluft.

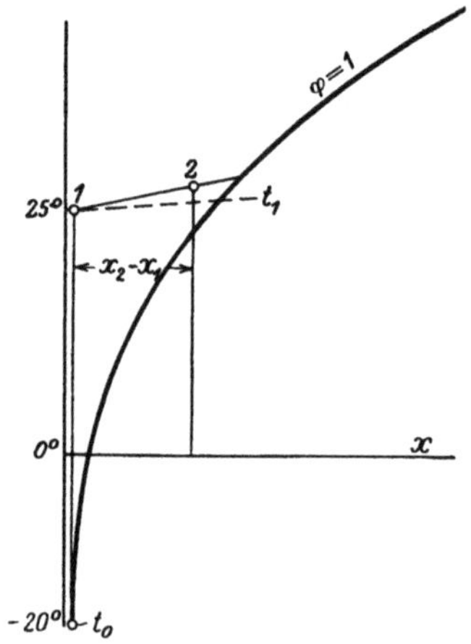

Abb. 33. Entnebelung bei winterlicher Frischluft.

zieht von dort aus den Strahl $I/x = I_2 - I_1/x_2 - x_1$ (Abb. 32), wählt darauf den Endzustand 2 um sicherzugehen nicht mit voller Sättigung und erhält damit $x_2 - x_1$ und mit Gl. (59)

$$L = \frac{W}{x_2 - x_1}.$$

Die dem Raume stündlich zuzuführende Luftmenge ist dann:

$$A_S = L(1 + x_1) \text{ kg/h}.$$

Im Winter ist die Frischluft vor der Einführung in den Raum von der Außentemperatur t_0 durch Heizkörper auf die gewünschte Raumtemperatur t_1 zu erwärmen (Abb. 33); der Wert x_1 wird kleiner sein als im Sommer und daher W, wenn es sich um einen Verdunstungsvorgang handelt, größer werden als im Sommer; doch wird, um die Wassertemperatur t_W zu halten, auch Q_W in etwa gleichem Maße, wie W zunimmt, vergrößert werden müssen. Q dagegen wird jetzt einen negativen Wert annehmen, wenn die Außentemperatur niedriger ist als die Raumtemperatur und daher $I_2 - I_1/x_2 - x_1$ kleiner sein als im Sommer. Mit dem entsprechenden Richtungsstrahle I/x und dem angenommenen Werte x_2 werden dann $x_2 - x_1$, L und A_W, der winterliche Luftbedarf bestimmt. Im allgemeinen wird $A_W < A_S$ sein; der luftfördernde Ventilator oder Kamin ist dann für A_S zu bauen, der Heizkörper für die Frischluft regulierbar, um die Heizung dem Bedarfe anpassen zu können; um das Eindringen „falscher" Außenluft durch Türen, Undichtigkeiten in der Raumwandung usw. zu verhindern, wird man Drucklüftung anwenden, den Ventilator also in die Luftzuleitung einsetzen, damit in dem zu entnebelnden Raume Überdruck herrscht.

Um von der Außentemperatur unabhängig zu werden, könnte das Umluftverfahren angewendet werden, indem die Abluft an Kühlkörpern oder an mit kaltem Wasser berieselter Rückkühleinrichtung entfeuchtet und gekühlt würde, um hernach unter Zusatz von etwas Frischluft wieder verwendet zu werden; wirtschaftlich dürfte durch dieses Verfahren kaum ein Vorteil erzielbar sein, da die Luftkühlanlage mit ihrem Wasserbedarf hinzutritt.

12. Trocknen.

Die Aufgabe eines Trockners besteht darin, einer nassen Trockengutmenge G kg/h mit einem anfänglichen Wassergehalt a vH Gewichtsteilen durch den Trockenprozeß eine Wassermenge W kg/h zu entziehen, so daß der Wassergehalt nach der Behandlung e vH beträgt. Die 100 kg Trockengut zu entziehende Wassermenge sei mit w bezeichnet; sie ergibt sich an Hand der Abb. 34 aus folgender Beziehung

$$\frac{100-w}{100-a} = \frac{100}{100-e}$$

zu $\quad w = 100 - \dfrac{100(100-a)}{100-e} = 100\left(1 - \dfrac{100-a}{100-e}\right).$

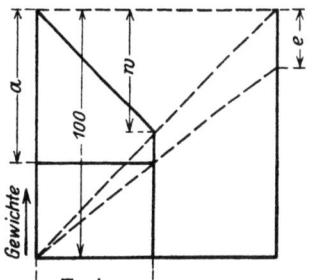

Abb. 34. Veränderung des Trockengutes

Die auf 1 kg zu entziehendes Wasser entfallende Menge an Trockengut G/W beträgt:

$$\frac{G}{W} = \frac{100}{w} = \frac{100-e}{a-e}.$$

Es ist stets $G > W$, d. h. $G/W > 1$; der Fall $G/W = 1$ entspricht der Verdampfung von Wasser. Praktisch ergibt sich beispielsweise

für $a = 70$ und $e = 10$ vH $\quad G/W = 1,5$
,, $a = 15$,, $e = 12$,, $\quad G/W = 29.$

Da beim Trockenprozeß die Kühlgrenze der zur Verwendung gelangenden Gemische aus Gas und verdampften Flüssigkeiten (z. B. feuchter Luft) eine wesentliche Rolle spielt, rufen wir uns Abb. 13 mit Begleittext in Erinnerung.

Die Trocknung feuchten Gutes geschieht in der Weise, daß nicht mit Wasserdampf gesättigte Luft mit der Oberfläche des feuchten Gutes in Berührung gebracht wird[1]). Zwischen Luft und dem feuchten Gut besteht ein Temperatur- und ein Feuchtegefälle, die bei der Trocknung benutzt werden.

Die im Trockner auf das Gut übertragene Wärmemenge beträgt:

$$Q = \alpha \cdot F \cdot (t_L - t_0) \text{ kcal/h}, \tag{61}$$

wobei bedeuten

Q die stündlich übertragene Wärmemenge kcal/h,
α die Wärmeübergangszahl kcal/m²h °C
F die Austauschoberfläche m²
t_L die Temperatur der zutretenden Luft °C
t_0 die Temperatur der Oberfläche des Gutes °C (heißt in Abb. 13 t_f)

---
[1]) Auszug aus „Wärme- und Stoffaustausch beim Trocknen feuchten Gutes". Von Prof. Dr.-Ing. habil. Emil Kirschbaum und Dr.-Ing. Karl Kienzle. Aus dem Institut für Apparatebau der Technischen Hochschule Karlsruhe. Sonderdruck aus „Die chemische Fabrik". Bd. 14 (1941) S. 171; Zeitschr. d. Vereins Dtsch. Chemiker. Berlin: B.-Verlag, G. m. b. H.

Aus Gl. (61) ergibt sich:
$$\alpha = \frac{Q}{F(t_L - t_0)} \text{ kcal/m}^2\text{h °C.} \qquad (61\text{a})$$

Die im Trockner übertragene Stoffmenge ergibt sich zu:
$$W = \sigma \cdot F (x_0 - x_L) \text{ kg/h,} \qquad (62)$$
wobei sind:

W die stündlich übergegangene Wassermenge kg/h

σ die Verdunstungszahl kg Flüssigkeit/m² h

x_0 der Wassergehalt der Luft an der Gutsoberfläche kg Wasser/kg trockene Luft

x_L der Wassergehalt im Luftstrom kg Wasser/kg trockene Luft

Die Verdunstungszahl wird dann aus Gl. (62):
$$\sigma = \frac{W}{F(x_0 - x_L)} \text{ kg Wasser/m}^2, \text{ h.} \qquad (62\text{a})$$

Wird der Oberfläche des Gutes nur aus der Luft, also von keiner anderen Wärmequelle, Wärme zugeführt, so wird die Wärme Q gerade dazu verwendet, um die Flüssigkeitsmenge W kg/h bei der Temperatur t_0 zu verdunsten.

Es gilt daher die Gleichung
$$Q = W \cdot r \text{ kcal/h} \quad \text{und} \quad r = \frac{Q}{W} \text{ kcal/kg.} \qquad (63)$$

Bedeutet:

r die Verdampfungswärme der Flüssigkeit bei der Oberflächentemperatur t_0 kcal/kg, so erhält man mit Gl. (61) und (62):
$$\alpha(t_L - t_0) \cdot F = Q = W r = \sigma \cdot (x_0 - x_L) \cdot F \cdot r$$
oder
$$\alpha(t_L - t_0) = \sigma(x_0 - x_L) r. \qquad (63\text{a})$$

Der Dampf wird auch auf die Lufttemperatur t_L überhitzt; die Überhitzungswärme ist jedoch gegenüber r (∞ 570 kcal/kg) vernachlässigbar klein. Bei dem Versuch, der diesen Berechnungen zugrunde liegt (s. Fußnote S. 35), lag kein Wärmeübergang durch Strahlung vor; bei niedrigen Temperaturen bis etwa 300° C ist der Wärmeübergang durch Strahlung verhältnismäßig sehr gering. In unserem Fall erfolgt die Wärmeübertragung von Luft an die Gutsoberfläche also nur durch Leitung und Konvektion (Wanderung der Wärme mit den Stoffteilchen als Wärmeträger).

Gl. (63a) gibt nun die Beziehung:
$$\frac{\alpha}{\sigma} = \frac{x_0 - x_L}{t_L - t_0} r. \qquad (64)$$

Kennt man den Luftzustand mit t_L und x_L und die Temperatur der Gutsoberfläche t_0, so kann aus der Ix-Tafel das Verhältnis α/σ ermittelt werden (s. Abb. 13): Punkt A gibt den Zustand der Luft, und der Schnittpunkt der Linien t_0 und der Sättigungsgrenze $\varphi = 1$ den Zustand der Luft an der Gutsoberfläche (kurz „Gutspunkt" genannt) an. Durch diese beiden Punkte sind die Temperaturen t_L und t_0 und die Feuchten x_0 und x_L und damit auch $t_L - t_0$ und $x_0 - x_L$ gegeben. Damit kann α/σ nach Gl. (64) berechnet werden.

Einen entscheidenden Einfluß auf α/σ hat die Temperatur des feuchten Gutes t_0 Gl. (64). Steigt bei gleichbleibendem Trockenluftzustand t_0, so vergrößert sich $(x_0 - x_L)$ und $t_L - t_0$ wird kleiner und α/σ größer. Nimmt t_0 ab, so wird auch α/σ kleiner.

Die Gutstemperatur t_0 kann, nach bisher bestehender Ansicht, nur bis zu der, vom Zustand der Frischluft abhängigen, Kühlgrenze τ_f sinken (s. Abb. 13 und zugehörigen Text).

In diesem Falle rückt der Gutspunkt nach links in Abb. 13 und der Gutspunkt und K fallen zusammen. Wie nahe das Gut der Kühlgrenze τ kommt, hängt von der Stärke der Luftströmung ab, was wir bereits anläßlich der Besprechung zu Abb. 13 erwähnten.

Die Richtung der Zustandsänderung in der Ix-Tafel, die die Trockenluft beim Vorbeiströmen am feuchten Gut erleidet, ist durch die Neigung dI/dx in den Tafeln festgelegt. Dabei bedeutet dI die Änderung des Wärmeinhaltes der feuchten Luft bei Zunahme des Feuchtegehaltes um dx. dI ergibt sich aus der Differenz zwischen der Wärmemenge, die einerseits vom Gute an die Luft und der Wärmemenge, die andererseits von der Luft an das Gut übergeht. Man erhält so, wenn c die spezifische Wärme der Verdunstungsflüssigkeit (Wasser) bedeutet:

$$\frac{dI}{dx} = t_0 \cdot c \, ; \tag{65}$$

Gl. (65) gilt auch für endliche Zustandsänderungen in der Form

$$t_0 \cdot c = \frac{I_2 - I_1}{x_2 - x_1}. \tag{65a}$$

Sind Anfangszustand der Luft $t_L x_L$ und Gutstemperatur t_0 bekannt, so kann der Verlauf mit Hilfe des Randmaßstabes in die Ix-Tafel eingetragen werden.

Hier wäre noch das Lewissche Gesetz $\sigma/\alpha = c_{Lp}$ anzuführen; in unserem Falle wäre $c_{Lp} \approx 0{,}24$; damit wird die Anwendung von Gl. (64) noch erleichtert. Nach Prof. Kirschbaums Meßversuchen ist das Lewissche Gesetz nur gültig, wenn die Gutsoberfläche die Kühlgrenze τ_f erreicht hat.

13. Kontinuierliche Trockner[1]).

In kontinuierlichen Trocknern wird das Trockengut dem Trockenraum kontinuierlich zugeführt und tritt getrocknet gleichfalls kontinuierlich aus; die Trockenluft strömt gleichfalls kontinuierlich durch den Trockenraum. Abb. 35 veranschaulicht schematisch eine solche Anlage.

Es bezeichne im Beharrungszustande des Trockners

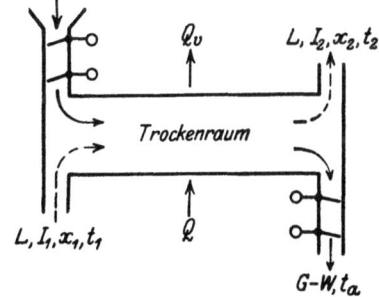

Abb. 35. Kontinuierlicher Trockner.

G kg/h   die dem Trockner zuzuführende Trockengutmenge,
t_e °C   die Temperatur dieses Trockengutes,
W kg/h   die dem Trockengut zu entziehende Wassermenge,
$G - W$ kg/h die den Trockner verlassende Trockengutmenge,
c kcal/kg   die spezifische Wärme von $G - W$,
t_a °C   die Temperatur des austretenden Trockengutes,
L kg/h   die durch den Trockner strömende trockene Luftmenge,
x_1, I_1, t_1 die Zustandsgrößen der Luft am Eintritt,
x_2, I_2, t_2 die Zustandsgrößen der Luft am Austritt,
Q kcal/h   die dem Trockner durch Heizflächen zugeführte Wärmemenge,
Q_V kcal/h   die Wärmeverluste durch die Wandungen des Trockners.

---
[1]) Mollier: a. a. O.

Wärmebilanz:
$$LI_1 + (G-W)ct_e + Wt_e + Q = Q_V + LI_2 + (G-W)ct_a,$$
woraus folgt
$$\frac{Q}{W} = \frac{L}{W}(I_2 - I_1) + \left(\frac{G}{W} - 1\right)c(t_a - t_e) - t_e + \frac{Q_V}{W}. \tag{66}$$

Wasserbilanz:
$$W = L(x_2 - x_1),$$
woraus
$$\frac{L}{W} = \frac{1}{x_2 - x_1}, \tag{67}$$

und durch Einsetzen von Gl. (67) in (66)
$$\frac{Q}{W} = \frac{I_2 - I_1}{x_2 - x_1} + \left(\frac{G}{W} - 1\right)c(t_a - t_e) - t_e + \frac{Q_V}{W}. \tag{68}$$

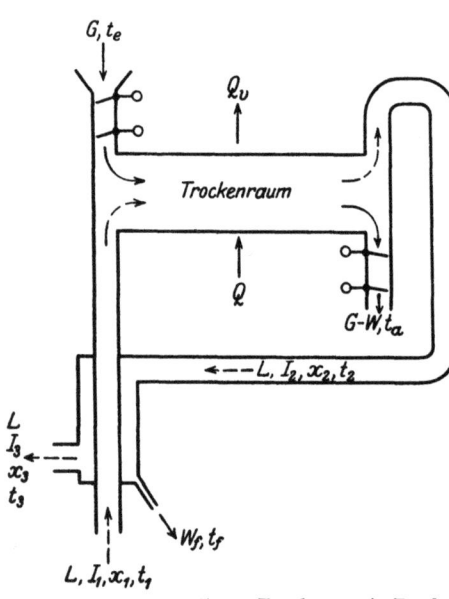

Abb. 36. Kontinuierlicher Trockner mit Rückgewinnung von Abluftwärme.

Die Gleichungen (66) und (68) stellen den Wärmeverbrauch, bezogen auf 1 kg entzogenes Wasser dar, wobei es gleichgültig ist, ob Q der Trockenluft oder dem Trockengut, oder beiden zusammen zugeführt wird; Gl. (67) gibt den Luftverbrauch.

Eine Möglichkeit zur Verminderung von Q/W bietet die Rückgewinnung von Wärme aus der Abluft (Abb. 36)[1]), wobei ein Teil des in der Abluft reichlich vorhandenen Wasserdampfes unter Übertragung seiner Verdampfungswärme auf die Frischluft niedergeschlagen wird. Bezeichnen wir die Menge des auf diese Weise stündlich entstehenden Kondensates mit W_f kg, seine Temperatur mit t_f, so ergeben sich jetzt folgende Bilanzen:

$$LI_1 + (G-W)ct_e + Wt_e + Q = Q_V + LI_3 + (G-W)ct_a + W_f t_f \tag{69}$$
und
$$W = L(x_3 - x_1) + W_f. \tag{70}$$

Aus Gl. (69) folgt
$$\frac{Q}{W} = \frac{L}{W}(I_3 - I_1) + \left(\frac{G}{W} - 1\right)c(t_a - t_e) - t_e + \frac{W_f}{W}t_f + \frac{Q_V}{W}$$

oder unter Verwendung des Wertes L/W aus Gl. (70)
$$\frac{L}{W} = \left(1 - \frac{W_f}{W}\right)\frac{1}{x_3 - x_1}$$
$$\frac{Q}{W} = \left(1 - \frac{W_f}{W}\right)\frac{I_3 - I_1}{x_3 - x_1} + \left(\frac{G}{W} - 1\right)c(t_a - t_e) - t_e + \frac{W_f}{W}t_f + \frac{Q_V}{W}. \tag{71}$$

Abb. 37 veranschaulicht die Zustandsänderung der Luft in der Ix-Tafel bei diesem Verfahren im Vergleich zum Verfahren ohne Rückgewinnung von Ab-

---
[1]) Mollier: a. a. O.

wärme; die von der Abluft wieder auf die Frischluft übertragene Wärme ist dort mit ΔI bezeichnet. Die Luftmengen L sind in beiden Fällen gleich. Das erste Glied der Gl. (71) ist kleiner als das der Gl. (68), wie aus Abb. 37 zu ersehen ist; die zweiten Glieder sind in beiden Fällen gleich; das Glied $W_f \cdot t_f/W$ ist klein im Vergleich zum ersten; Q_V/W ist im Falle (71) wegen der vergrößerten Oberfläche etwas größer als bei (68).

Wir wenden uns wieder zum kontinuierlichen Trockner ohne Rückgewinnung von Abwärme. Abb. 38[1]) stellt den Weg der Zustandsänderung der Trockenluft $(1-1'-2)$ dar, wenn ihr Q vor ihrer Berührung mit dem Trockengut zugeführt wird. Die Folge dieser Wärmezufuhr ist die Zustandsänderung $1-1'$. Wir wissen aus Abschnitt 6, daß nichtgesättigte Luft, die über Wasser mit einer Beharrungstemperatur t_W streicht, eine Zustandsänderung in der Rich-

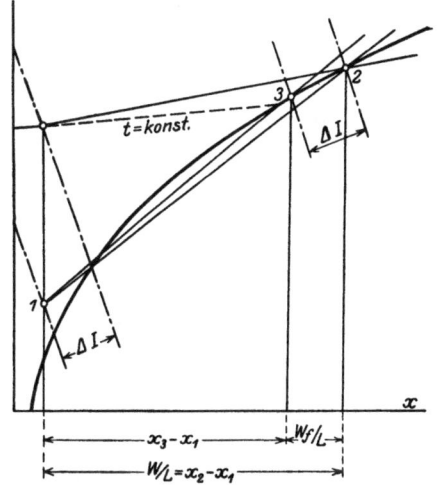
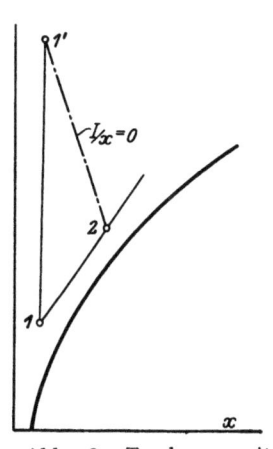

Abb. 37. Rückgewinnung von Abluftwärme in einem kontinuierlichen Trockner.

Abb. 38. Trocknung mit vorgewärmter Luft.

tung $I/x = t_W$ erleidet; dies gilt auch hier für die Trockenluft und das nasse Trockengut; die Temperatur dieses Gutes kann wegen des darin enthaltenen Wassers nicht höher als etwa 100° C (Siedepunkt des Wassers entsprechend dem Barometerstand) werden; da die Richtungen $I/x = 0$ und $I/x = 100$ wenig voneinander abweichen, kann hier mit genügender Genauigkeit die Richtung $I/x = 0$ als für die Wasseraufnahme aus dem Trockengut gültig angenommen werden, Zustandsänderung $1'-2$ in Abb. 38.

Für $Q = 0$ fallen 1 und $1'$ zusammen, und die Zustandsänderung der Trockenluft erfolgt von 1 aus in der Richtung $I/x = 0$; die Aufnahmefähigkeit der Luft für Wasserdampf, $x_2 - x_1$, ist sehr klein, und der Luftbedarf L/W würde gemäß Gl. (67) sehr groß werden.

Bei der Berechnung einer kontinuierlichen Trockenanlage wäre wie folgt vorzugehen: Gegeben sind G, W, t_e, t_a (höchste für das Trockengut zulässige Temperatur), c, I_1 und x_1; zu bestimmen sind Q, L, I_2 und x_2. Man trägt in der Ix-Tafel den Zustand I_1, x_1 und die Gerade $x_1 =$ konst. ein; durch den Punkt t_a auf der dem Barometerstand entsprechenden Sättigungskurve zieht man eine Gerade $I/x = 0$ und bringt sie zum Schnitt mit der Geraden $x_1 =$ konst.;

---

[1] Mollier: a. a. O.

den Endzustand I_2, x_2 wählt man auf der erstgenannten Geraden $I/x = 0$ mit $\varphi \approx 0{,}8$, weil volle Sättigung der Abluft in der Praxis nicht erreicht wird. Nun kann Q/W mit Gl. (66) unter Außerachtlassung des Gliedes Q_V/W berechnet werden; für diesen Wert ist später nach Dimensionierung der Anlage auf Grund der zu erwartenden Wärmeverluste zu Q/W ein Zuschlag zu machen. Gl. (67) ergibt dann L/W. Die Anlage ist nun so zu bauen, daß die Berührungsdauer und Berührungsweise zwischen Trockengut und Trockenluft genügen, um Trockengut und Abluft in die Endzustände $G - W$ bzw. I_2, x_2 überzuführen, was auf Grund von Erfahrungen zu geschehen hat.

Der Nachteil dieses Verfahrens mit Zufuhr von Q zur Trockenluft vor ihrer Berührung mit dem Trockengut ist der, daß die Frischluft durch Q stark erwärmt werden muß, um praktische Werte von t_a, I_2 und x_2 zu erhalten; wählt man t_a niedriger, so erhält man großen Luftbedarf. Dieses Verfahren findet daher mit an Heizkörpern erwärmter Luft kaum Anwendung; wohl aber wird es mit Feuergasen, denen zur Temperaturerniedrigung Luft beigemengt werden kann, durchgeführt.

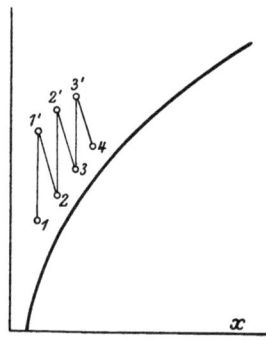

Abb. 39. Trocknung mit stufenweiser Wärmezufuhr.

Um diese hohe Erwärmung der Frischluft zu vermeiden, bietet sich jedoch noch ein anderer Weg, nämlich der, die Wärme Q der Luft auf ihrem Wege durch den Trockner nach und nach zuzuführen. Die bisher entwickelten Gleichungen gelten auch für diesen Fall, da sie sich nur auf die Anfangs- und Endzustände von Luft und Trockengut beziehen. Abb. 39 zeigt den Weg der Zustandsänderung der Luft in der Ix-Tafel bei absatzweiser Zufuhr von Q zur Luft: Diese tritt in den Trockner im Zustande *1* ein, wird durch Vorwärmung in *1'* übergeführt, tauscht von *1'* nach *2* Wärme gegen Wasser aus dem Trockengut aus, wird dann durch weitere Wärmezufuhr in *2'* übergeführt, nimmt von *2'* nach *3* weiteren Wasserdampf auf usw.; bei *4* ist der Trockenprozeß beendigt. Wir sehen, daß die Luft hier, bei der sog. Stufentrocknung, nur mäßig erwärmt zu werden braucht, wobei allerdings mehrere in den Luftweg eingeschaltete Heizkörper notwendig sind. Denken wir uns mehrere kontinuierliche

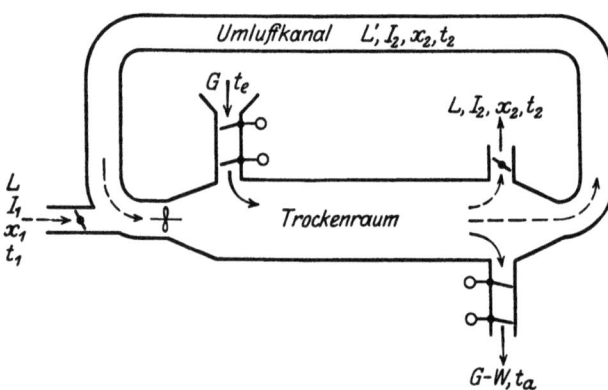

Abb. 40. Kontinuierlicher Trockner mit Umluftbetrieb.

Trockner mit Vorwärmung der Luft hintereinandergeschaltet, so daß jeder das Trockengut und seine Abluft an den nächsten weitergibt, und würde der Trockenprozeß im letzten Trockner beendigt, so hätten wir einen Stufentrockner mit gleichem Wärme- und Luftverbrauch wie ein einstufiger, vorausgesetzt, daß Anfangs- und Endzustände von Luft und Trockengut sowie die Wärmeverluste in beiden Fällen gleich wären. Baulich wären jedoch solche Trockner nicht einfach. Wir werden später sehen, daß von der stufenweisen Trocknung auf andere Weise Gebrauch gemacht wird.

Das Trockengut hat vielfach eine Gestalt, die eine kontinuierliche Beschickung des Trockners nicht erlaubt oder nicht wünschbar macht, oder die Trockengutmenge ist hierfür zu klein; in diesen Fällen wird die Trocknung in sog. Kammertrocknern vollzogen.

Ein Mittel, um die Luftgeschwindigkeit am Trockengut zu steigern, bietet das Umluftverfahren, das darin besteht, der im Trockenraum befindlichen Luft eine zusätzliche Umlaufbewegung zu erteilen, indem sie am Ende des Trockenraumes entnommen und durch einen Umlaufkanal vermittels eines Ventilators dem Eingang in den Trockner wieder zugeführt wird (Abb. 40). Die Luftgeschwindigkeit im Trockenraum kann auf diese Weise auf jeden gewünschten Betrag gesteigert werden, allerdings nur unter Aufwand des Kraftbedarfes für die Umwälzung der Luft. Die bisherigen Gleichungen gelten auch hier; die Wärmezufuhr Q kann auch im Umluftkanal erfolgen. Die Umluftmenge L' tritt in Abb. 40 in den Umluftkanal mit dem Zustande I_2, x_2 der Abluft ein; der Zustand der in den Trockenraum eintretenden Mischluft, bestehend aus Umluft und Frischluft, läßt sich aus den Mengen L' und L und ihren Zuständen ermitteln und weist höhere Temperatur und höheren Feuchtigkeitsgehalt auf als bei Unterlassung des Umluftbetriebes.

14. Kammertrockner.

Unter Kammertrocknern versteht man Trockeneinrichtungen, welche nicht kontinuierlich, sondern absatzweise mit Trockengut beschickt werden; das Trockengut verbleibt in der Trockenkammer so lange, bis die erwünschte Trocknung erzielt ist; hierauf wird die Kammer entleert und wieder von neuem beschickt. Die Trockenluft dagegen wird während des Trockenprozesses kontinuierlich durch die Kammer geführt (Abb. 41).

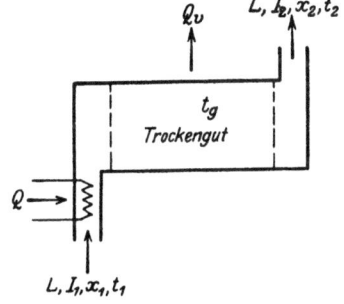

Abb. 41. Kammertrockner.

Der Wärmeaufwand für den ganzen Prozeß besteht hier aus zwei Teilen, wovon der eine dazu dient, das Trockengut und seine Tragvorrichtung zu erwärmen und der Kühlgrenze der erwärmten Trockenluft anzupassen, während der andere zur eigentlichen Trocknung Verwendung findet.

Für die nachfolgende Betrachtung nehmen wir an, daß das Trockengut bereits erwärmt sei und setzen zunächst den Zustand der Frischluft und den der Abluft sowie die Temperatur des Trockengutes während des ganzen Trockenprozesses als konstant voraus. Bezeichnen wir mit

L kg die im Verlaufe des Trockenprozesses durchgeführte Luftmenge,
Q kcal die im Verlaufe des Trockenprozesses zugeführte Wärme,
Q_V kcal die im Verlaufe des Trockenprozesses durch die Raumwandlungen ausgetretene Wärme,
W kg die im Verlaufe des Trockenprozesses verdampfte Wassermenge,
t_g °C die Temperatur des Trockengutes im Trockner,
I_1, x_1 den Zustand der Zuluft,
I_2, x_2 den Zustand der Abluft,

so erhalten wir folgende Bilanzen:

oder
$$LI_1 + Q + Wt_g = LI_2 + Q_V,$$

und
$$Q = L(I_2 - I_1) - Wt_g + Q_V \tag{72}$$

$$W = L(x_2 - x_1). \tag{73}$$

Durch Division von Gl. (72) durch (73) entsteht

$$\frac{Q}{W} = \frac{I_2 - I_1}{x_2 - x_1} t_g + \frac{Q_V}{W}, \tag{74}$$

während Gl. (73) auch geschrieben werden kann als

$$\frac{L}{W} = \frac{1}{x_2 - x_1}. \tag{75}$$

Für den Wärme- und Luftverbrauch nach Gl. (74) und (75) ist es auch hier gleichgültig, ob Q nur an einer Stelle oder auf mehrere verteilt zugeführt wird; im letzteren Falle ändert sich t_g etwas mit dem Orte; doch kann mit genügender Annäherung mit einem Mittelwert gerechnet werden.

Die Abnahme des Wassergehaltes des Trockengutes im Verlaufe des Trockenprozesses wird in Wirklichkeit die an 1 kg trockene Luft abgegebene Wassermenge $x_2 - x_1$ etwas vermindern, was bei unveränderlicher Wärme- und Luftzufuhr ein Steigen der Ablufttemperatur zur Folge haben muß (Übergang des Endzustandes 2 in 2' in Abb. 42); dem entspricht eine Zunahme von $I_2 - I_1/x_2 - x_1$ von Q/W und von L/W; durch Drosselung der Wärme- und der Luftzufuhr kann dieser Erscheinung jedoch entgegengetreten werden.

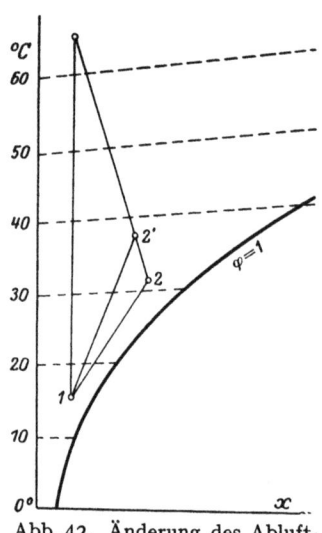

Abb. 42. Änderung des Abluftzustandes im Kammertrockner.

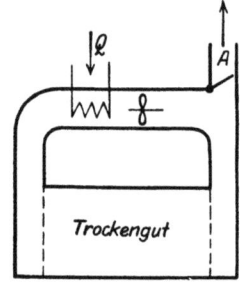

Abb. 43. Heißdampftrocknung.

Zur Erhöhung der Luftgeschwindigkeit in der Trockenkammer läßt sich auch hier, wie bei den kontinuierlichen Trocknern, das Umluftverfahren anwenden.

In Kammertrocknern wird auch die sog. Heißdampftrocknung durchgeführt. Diese arbeitet nach dem Umluftverfahren (Abb. 43), jedoch ohne Frischluftzufuhr während des Trockenprozesses. Nachdem die Kammer mit Trockengut beschickt ist, wird die Heizung (Q) und der Ventilator in Betrieb gesetzt; aus dem Trockengut tritt Wasserdampf aus, was im geschlossenen Raume eine Drucksteigerung zur Folge haben würde; eine solche wird aber verhindert durch die Auspuffklappe im Auspuffrohr A, die eine entsprechende Menge Trockenluft ins Freie entweichen läßt. Die umlaufende Trockenluft nimmt nun mit steigender Temperatur mehr und mehr Wasserdampf auf; schließlich wird bei etwa 100° C Lufttemperatur ein Zustand erreicht, bei dem der Teildruck der Luft zu Null wird und also keine Luft mehr, sondern nur noch Wasserdampf im Trockenraume umläuft; damit noch weitere Wasseraufnahme stattfinden kann, muß der dem Trockengut zuströmende Dampf überhitzt sein; aus dem Rohre A tritt nur noch Wasserdampf aus, und die Trocknung wird nicht mehr mit Luft, sondern mit überhitztem Dampf, der aus dem im Trockengut enthaltenen Wasser erzeugt wird, geleistet; es ist demnach keine Trockenluft zu erwärmen, und der Wärmeverbrauch ist entsprechend gering. Für gewisses Trockengut, welches die hier auftretenden hohen Temperaturen vertragen kann, ist das Verfahren vorteilhaft.

Würde man den Gegendruck im Rohre A durch geeignete Vorrichtungen erniedrigen, so könnte das Verfahren auch mit niedrigeren Temperaturen durchgeführt werden.

Um die Beschickung der Kammertrockner zu erleichtern und einen dem kontinuierlichen Trocknen nahekommenden Betrieb zu erhalten, werden jene vielfach als sog. Kanal- oder Tunneltrockner ausgebildet; die Trockenkammer ist hier ein langer Raum, der an beiden Enden mit Toren versehen ist; durch das eine derselben werden mit Gestellen für das Trockengut versehene Wagen eingefahren und durchlaufen nach und nach den Trockenraum, indem in gleichen Zeitabständen jeweils ein Wagen aufgegeben wird, wobei die davor befindlichen um eine Wagenlänge vorgeschoben werden; der vorderste Wagen tritt jeweils aus, wird entleert, um später mit neuer Ladung wieder eingeführt zu werden.

Ein im Prinzip gleiches Verfahren kommt in zu einer sog. Batterie zusammengeschalteten Trockenkammern zur Anwendung; diese sind hintereinandergeschaltet, bilden einen geschlossenen Ring und werden nacheinander von der Trockenluft durchströmt, wobei durch geeignete Einrichtungen der Frischlufteintritt und der Abluftaustritt an eine beliebige Stelle des Ringes verlegt werden können; durch diejenige Kammer, welche entleert und frisch beschickt wird, tritt die Luft ein, um nach Durchströmen aller übrigen Kammern wieder auszutreten; jede Kammer wandert auf diese Weise nach und nach gegen das Ende des Luftstromes hin, womit eine Wirkung ähnlich wie beim Kanaltrockner erreicht wird.

Bei beiden Verfahren läßt sich die stufenweise Wärmezufuhr während des Trockenvorganges verwirklichen und manchmal auch noch eine teilweise Rückgewinnung der in der Abluft oder im getrockneten Trockengut enthaltenen Wärme.

15. Ix-Tafel für hochtemperierte Luft.

Die Grundlage für die Ix-Tafeln I und II bildet Gl. (11)

$$I = i_L + x \cdot i_W.$$

Für Lufttemperaturen zwischen 0 und 130° C setzten wir in dieser Gleichung

$$i_L = c_{Lp} \cdot t$$

und $$i_W = 597 + 0{,}46 \cdot t.$$

Für wesentlich höhere Temperaturen ist diese Voraussetzung nicht mehr annehmbar, da die spezifischen Wärmen mit der Temperatur wachsen; sie betragen nämlich nach Prof. Dr.-Ing. Ernst Schmidt in seinem hier im 1. Abschnitt S. 2 bereits erwähnten Buche, S. 43, Tabelle 12, und auch in der „Hütte", 27. Auflage, Bd. I, S. 548 enthaltene, nachstehend enthaltene Werte:

Temperatur	Trockene Luft	Wasserdampf	Temperatur	Trockene Luft	Wasserdampf
°C t	kcal/kg c_{Lp}	kcal/kg c_{Wp}	°C t	kcal/kg c_{Lp}	kcal/kg c_{Wp}
0	0,2396	0,442	1300	0,2910	0,532
100	0,2412	0,446	1400	0,2932	0,539
200	0,2451	0,451	1500	0,2948	0,546
300	0,2500	0,457	1600	0,2964	0,553
400	0,2553	0,463	1700	0,2980	0,560
500	0,2609	0,470	1800	0,2996	0,566
600	0,2664	0,477	1900	0,3011	0,572
700	0,2717	0,485	2000	0,3026	0,578
800	0,2757	0,493	2100	0,3038	0,584
900	0,2796	0,501	2200	0,3049	0,589
1000	0,2834	0,509	2300	0,3059	0,594
1100	0,2863	0,517	2400	0,3069	0,599
1200	0,2888	0,524	2500	0,3078	0,604

An Stelle der bisher gültigen Gleichung (12) tritt hier nun

$$I = c_{Lp} \cdot t + x(597 + c_{Wp} \cdot t), \qquad (76)$$

auf Grund dieser die Tafel III erstellt wurde.

Es ist dort nur eine Sättigungskurve, nämlich die für 760 mm Barometerstand, eingetragen, da die übrigen beinahe mit dieser zusammenfallen; auf dieser Kurve sind die Temperaturen gesättigter Luft vermerkt.

16. Trocknen mit Feuergasen.

Die beiliegende Tafel III läßt sich mit für die Praxis genügender Annäherung auch zur Berechnung der Feuergastrocknung verwenden, da der Wärmeinhalt der wasserdampffreien Feuergase (i_F) nur wenig von dem wasserdampffreier (trockener) Luft (i_L) abweicht.

Zu diesem Zwecke hat man aus Brennstoff und Verbrennungsluft die Zusammensetzung der Feuergase zu bestimmen, sie dann zu trennen in den wasserdampffreien (kurz trockenen) Anteil F_t und den Wasserdampf F_w kg; es ist dann

$$x_1 = F_w/F_t.$$

Um den Anfangszustand der Gase in der Tafel festzulegen, benötigt man weiter entweder ihre Temperatur nach vollendeter Verbrennung oder ihren Wärmeinhalt I_1 der Menge $1 + x_1$ kg

$$I_1 = i_F + x_1 i_W;$$

Verbrennungstemperatur und I_1 lassen sich für einen Verbrennungsvorgang errechnen.

In kontinuierlichen (z. B. Trommel-) Trocknern ohne weitere Wärmezufuhr während des Trockenvorganges erleiden die Feuergase auf ihrem Wege durch das Trockengut eine Zustandsänderung auf $I/x = t_g$ (t_g = Temp. des Trockengutes im Trockner), welche Richtung annähernd mit I_1 = konst. übereinstimmt und verlassen ihn mit dem größern Wassergehalt x_2. Der Bedarf an trockenen Feuergasen zur Entziehung von 1 kg Wasser aus dem Trockengut beträgt

$$\frac{1}{x_2 - x_1} \text{kg};$$

bezeichnen wir mit

b kg das zur Erzeugung von 1 kg trockenen Feuergasen benötigte Brennstoffgewicht,

B kg den Brennstoffverbrauch für 1 kg verdampftes Wasser,

so ist

$$B = \frac{b}{x_2 - x_1} \text{kg}.$$

Um die Eintrittstemperatur der Feuergase zu erniedrigen, was bei Trockengut, das nicht auf annähernd 100° C erwärmt werden darf, nötig ist, mischt man den Feuergasen nach vollendeter Verbrennung, vor dem Eintritt in den Trockner Luft bei. Bezeichnen wir den Zustand der Feuergase mit I', x', den der beizumischenden Luft mit I'', x'', den des Gemisches mit I_1, x_1, die entsprechenden Temperaturen mit t', t'', t_1, die Menge der trockenen Feuergase in kg mit F_t und die Menge der beizumischenden trockenen Luft mit L, so ist nach Abschnitt 4

$$x_1 = \frac{x' + nx''}{1+n}, \quad \text{wo} \quad n = \frac{L}{F_t} = \frac{x' - x_1}{x_1 - x''}$$

und

$$I_1 = \frac{I' + nI''}{1+n};$$

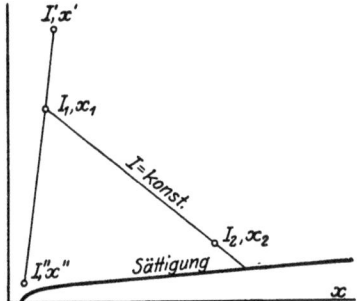

Abb. 44. Trocknung mit einem Gemisch aus Feuergasen und Luft.

der Mischzustand I_1, x_1 liegt in der Ix-Tafel auf der Verbindungsgeraden I', $x' - I''$, x''.

Die für das Trockengut höchst zulässige auf der Sättigungskurve gelegene Temperatur bestimmt die Gerade $I=$konst., auf der die Zustandsänderung des Gemisches im Trockner erfolgt (Abb. 44); diese Gerade bringt man zum Schnitt mit der Verbindungsgeraden I', $x' - I''$, x'' und findet so I_1, x_1; es ist dann

$$n = \frac{x' - x_1}{x_1 - x''} = \frac{L}{F_t},$$

womit das Mischungsverhältnis bestimmt ist; auf $1 + x'$ kg feuchte Feuergase entfallen $n(1+x'')$ kg feuchte Luft.

Der Brennstoffbedarf findet sich in diesem Falle aus folgender Überlegung: Zur Verdampfung von 1 kg Wasser sind nötig

$$\frac{1}{x_2 - x_1} = z(1+n) \text{ kg trockene Gase},$$

von denen der Teil z aus den Feuergasen und der Teil zn aus der Zusatzluft stammt; hieraus folgt

$$z = \frac{1}{(x_2 - x_1)(1+n)};$$

da zur Erzeugung von z kg trockenen Feuergasen zb kg Brennstoff nötig sind, so ergibt sich der zur Verdampfung von 1 kg Wasser aufzuwendende Brennstoff zu

$$B = \frac{b}{(x_2 - x_1)(1+n)} \text{kg}.$$

46 Trocknen mit Feuergasen.

Hierbei hängen $x_2 - x_1$ und n zusammen, und zwar, wie aus Abb. 45 ersehen werden kann, in der Weise, daß $x_2 - x_1$ abnimmt, wenn n wächst. (In dieser Abbildung ist der Einfachheit halber angenommen, daß die Abluft I_2, x_2 gesättigt sei, was bei wirklichen Ausführungen nicht ganz erreicht wird.) Das Produkt $(x_2 - x_1)(1 + n)$ nimmt mit wachsendem n ab und B daher zu; die Zumischung von Luft zu den Feuergasen bringt also vergrößerten Brennstoffverbrauch; für $n = 0$ ergibt sich der Grenzfall der Trocknung ohne Zusatzluft

$$B = \frac{b}{x_2 - x_1}.$$

Mit steigendem n, d. h. abnehmendem Werte $x_2 - x_1$, wächst auch die durch den Trockner zu führende Gas-Luft-Menge.

Die Vorteile der Feuergastrocknung vor der Trocknung mit Luft sind:

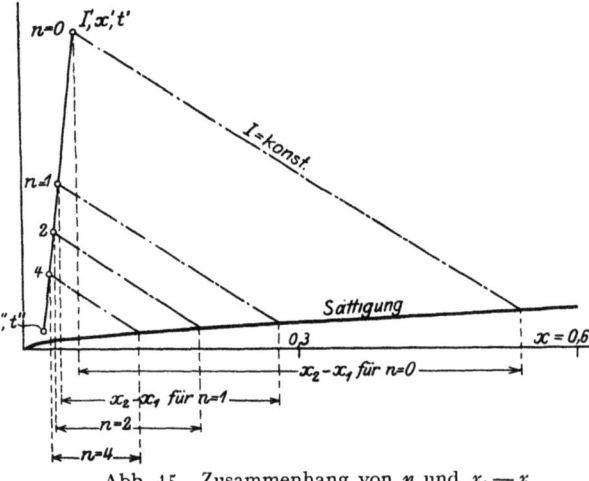

Abb. 45. Zusammenhang von n und $x_2 - x_1$.

1. Einfachheit der Anlage, dadurch bedingt, daß die zur Trocknung aufzuwendende Wärme den Trockengasen in der Feuerung direkt zugeführt wird; es sind keine Vorrichtungen zur Übertragung der Wärme auf die Trockenluft notwendig.

2. Möglichkeit der Verwendung hochtemperierter Trockengase und daher geringer Gasmengen in Fällen, wo das Trockengut hohe Temperatur verträgt.

Nachwort betr. die Maßstäbe der Abszissen (x) und der Ordinaten (I). Sollten die Maße der Tafeln infolge Papierschwund gegenüber dem Normalmaß etwas geschwunden sein, so erlaubt folgendes Verfahren dennoch die Anwendung von Normalmaßstäben:

Man denkt sich über der Abszissenachse über einem Abschnitt von 50 mm ein niedriges, rechtwinkliges Dreieck, dessen lange Kathete z. B. $\Delta x = 0{,}1$ ist; auf der Hypotenusenseite ist dann der Normalmaßstab von 50 mm so anzulegen, daß er gerade die Hypotenuse des Dreiecks bildet; dann lassen sich von dort alle Maße durch Ordinatenparallele auf die Abszissenachse übertragen. — Analog verfährt man mit ΔI auf der Ordinatenachse.

SPRINGER-VERLAG / BERLIN

VDI-Wasserdampftafeln. Mit einem Mollier (i, s)-Diagramm auf einer besonderen Tafel. Herausgegeben vom Verein deutscher Ingenieure und in dessen Auftrag bearbeitet von Dr.-Ing. **We. Koch** VDI. Zweite Auflage. 64 Seiten. 1941. Kartoniert RM 7.50

Entropie des Wasserdampfes in elementarer Ableitung. Von **Fritz Bürk.** Mit 11 Figuren und 4 Tabellen im Text. 47 Seiten. 1924.
RM 1.80; kartoniert RM 2.30

Fluchtentafeln für feuchte Luft. Von Dr.-Ing. **Herbert Jahnke.** Mit 21 Abbildungen im Text und 7 Tafeln. III, 32 Seiten. 1937. RM 12.60

Die Lehre vom Trocknen in graphischer Darstellung. Von Ingenieur **Karl Reyscher.** Zweite, verbesserte Auflage. Mit 34 Textabbildungen. IV, 74 Seiten. 1927. RM 4.05

Spezifische Wärme, Enthalpie, Entropie und Dissoziation technischer Gase. Von Dozent Dr. phil. habil. **E. Justi,** Berlin. Mit 43 Abbildungen im Text und 116 Tabellen. VI, 157 Seiten. 1938.
RM 18.—; Ganzleinen RM 19.80

Technisch-physikalisches Praktikum. Ausgewählte Untersuchungsmethoden der technischen Physik. Von Geh. Reg.-Rat Professor Dr. phil. Dr.-Ing. e. h. **Oscar Knoblauch** VDI, München, und Dr.-Ing. **We. Koch** VDI, Berlin. Mit 104 Textabbildungen. V, 167 Seiten. 1934. RM 12.—

Handbuch der Physik. Herausgegeben von **H. Geiger** und **K. Scheel.**
Band IX: Theorien der Wärme. Bearbeitet von zahlreichen Fachgelehrten. Redigiert von F. Henning. Mit 61 Abbildungen. VIII, 616 Seiten. 1926.
RM 41.85; Ganzleinen RM 44.28
Band X: Thermische Eigenschaften der Stoffe. Bearbeitet von zahlreichen Fachgelehrten. Redigiert von F. Henning. Mit 207 Abbildungen. VIII, 486 Seiten. 1926. RM 31.86
Band XI: Anwendung der Thermodynamik. Bearbeitet von zahlreichen Fachgelehrten. Redigiert von F. Henning. Mit 198 Abbildungen. VIII, 454 Seiten. 1926. RM 31.05

Zu beziehen durch jede Buchhandlung

SPRINGER-VERLAG / BERLIN

Die Grundgesetze der Wärmeübertragung. Von Professor Dr.-Ing. H. Gröber, Berlin, und Reg.-Rat Dr.-Ing. S. Erk, Berlin. Zugleich zweite, völlig neubearbeitete Auflage des Buches: H. Gröber, Die Grundgesetze der Wärmeleitung und des Wärmeüberganges. Mit 113 Textabbildungen. XI, 259 Seiten. 1933. Halbleinen RM 22.20

Wärmetechnische Tafeln. Unterlagen für die Rechnungen des Wärmeingenieurs in Schaubildern und Zahlentafeln. Zusammengestellt und bearbeitet von Dipl.-Ing. F. Habert. Herausgegeben mit Unterstützung der Wärmestelle Düsseldorf des Vereins deutscher Eisenhüttenleute. (Anlage: „Wo finde ich?" Schrifttumsverzeichnis für feuerungstechnische Berechnungen, zusammengestellt von Dr.-Ing. H. Schwiedessen.) Mit 36 Tafeln. V, 145 Blätter und Seiten. 1935. In Leinenmappe mit Schraubklammern RM 14.50
(Gemeinsam mit Verlag Stahleisen m. b. H., Düsseldorf.)

Thermodynamik. Die Lehre von den Kreisprozessen, den physikalischen und chemischen Veränderungen und Gleichgewichten. Eine Hinführung zu den thermodynamischen Problemen unserer Kraft- und Stoffwirtschaft. Von Professor Dr. W. Schottky. In Gemeinschaft mit Priv.-Doz. H. Ulich und Priv.-Doz. Dr. C. Wagner. Mit 90 Abbildungen und 1 Tafel. XXV, 619 Seiten. 1929. RM 50.40

Der Wärme- und Stoffaustausch. Dargestellt im Mollierschen Zustandsdiagramm für Zweistoffgemische. Von Priv.-Doz. Dr.-Ing. Adolf Busemann, Dresden. Mit 51 Textabbildungen. VIII, 76 Seiten. 1933. RM 6.—

Absolute thermische Daten und Gleichgewichtskonstante. Anleitung, Tabellen und Nomogramme zur praktischen Durchführung von Berechnungen. Von Dr.-Ing. Rudolf Doczekal VDI unter Mitarbeit von Ing. Heinrich Pitsch, Wien. Mit 32 Textabbildungen, 22 Tabellen und 3 Tafeln. IV, 69 Seiten. 1935. (Springer-Verlag / Wien.) RM 6.60

Technik der tiefen Temperaturen. Von Dr. J. A. van Lammeren, Eindhoven. Mit 116 Abbildungen. VIII, 256 Seiten. 1941.
RM 18.—; Ganzleinen RM 19.80

Kälteprozesse. Dargestellt mit Hilfe der Entropietafel von Professor Dipl.-Ing. P. Ostertag, Winterthur. Zweite, verbesserte Auflage. Mit 72 Textabbildungen und 6 Tafeln. IV, 112 Seiten. 1933. RM 7.50; Ganzleinen RM 8.80

Zu beziehen durch jede Buchhandlung

MIX
Papier aus verantwortungsvollen Quellen
Paper from responsible sources
FSC® C105338

If you have any concerns about our products,
you can contact us on
ProductSafety@springernature.com

In case Publisher is established outside the EU,
the EU authorized representative is:
**Springer Nature Customer Service Center GmbH
Europaplatz 3, 69115 Heidelberg, Germany**

Printed by Libri Plureos GmbH
in Hamburg, Germany